[美] 阿尔弗雷德·S. 波萨门蒂　著

涂泓　冯承天　译

毕达哥拉斯定理

力与美的故事

上海科技教育出版社

图书在版编目(CIP)数据

毕达哥拉斯定理：力与美的故事/(美)阿尔弗雷德·S.波萨门蒂著；涂泓,冯承天译.-- 上海：上海科技教育出版社，2024.12.--(数学桥丛书).

ISBN 978-7-5428-8284-4

Ⅰ.O123.3

中国国家版本馆 CIP 数据核字第 2024361UC3 号

责任编辑　程着
封面设计　符劼

数学桥丛书

毕达哥拉斯定理——力与美的故事

[美]阿尔弗雷德·S.波萨门蒂　著

涂泓　冯承天　译

出版发行　**上海科技教育出版社有限公司**
　　　　　　(上海市闵行区号景路 159 弄 A 座 8 楼　邮政编码 201101)

网　　址　www.sste.com　www.ewen.co
经　　销　各地新华书店
印　　刷　启东市人民印刷有限公司
开　　本　720×1000　1/16
印　　张　17
版　　次　2024 年 12 月第 1 版
印　　次　2024 年 12 月第 1 次印刷
书　　号　ISBN 978 - 7 - 5428 - 8284 - 4/N·1231
图　　字　09 - 2022 - 0878 号
定　　价　68.00 元

感谢芭芭拉,她的鼓舞、支持和耐心成就了本书。

献给我的子女和孙辈——戴维、丽莎、丹尼、麦克斯、萨姆和杰克,他们拥有无限的未来。

纪念我深爱的父母——爱丽丝和欧内斯特,他们从未对我失去信心。

——阿尔弗雷德·S.波萨门蒂

引　言

　　毕达哥拉斯①、欧几里得②和美国前总统加菲尔德③有什么共同之处？答案是他们各自以不同的方法证明了毕达哥拉斯定理。

　　在聚会上听到关于必须在学校学习数学的负面言论并不罕见，特别是当这群人中有一位数学家时尤其如此。如果这些受过良好教育的人对自己在学校里数学成绩不好这件事流露出自豪，那就更糟糕了。有些人会声称几乎记不起任何学生时代学过的数学，但他们仍会记得"a 的平方加上 b 的平方等于 c 的平方"（$a^2+b^2=c^2$），这可能部分是因为这个关系式使用了字母表的前三个字母。有些人绞尽脑汁还能回忆起这一关系的发现者：毕达哥拉斯。但不幸的是，这一关系式的含义在大多数人的记忆中并不牢靠。事实上，这条显然与几何联系在一起的著名定理，同时也是三角学领域的基础，还进入了数不清的其他领域，如艺术、音乐、建筑和各种数学领域（主要是关于数的研究）。这一关系式是如何演变的？为什么这一关系式吸引了无数代人？这位名叫毕达哥拉斯的精彩与争议并存

①　毕达哥拉斯（Pythagoras），古希腊哲学家、数学家，毕达哥拉斯学派的创立者，主张万物皆数。——译注
②　欧几里得（Euclid），古希腊数学家，被称为"几何之父"。他所著的《几何原本》（*Elements*）是世界上最早公理化的数学著作，为欧洲数学奠定了基础。——译注
③　加菲尔德（James A. Garfield），1880 年当选美国第 20 任总统，就职 4 个月后遭暗杀。——译注

的人是谁？这些只是我们在对这一最流行的数学关系式进行广泛探究时要考虑的几个非常诱人的问题。

从最基础的意义上说，毕达哥拉斯定理指出，如果你在一个直角三角形的每条边上画一个正方形，如图 1 所示，那么其中两个较小正方形（即在两条相互垂直的边上的正方形——这两条边被称为这个三角形的直角边）的面积之和等于在最长边上所画的正方形的面积，最长边被称为斜边。

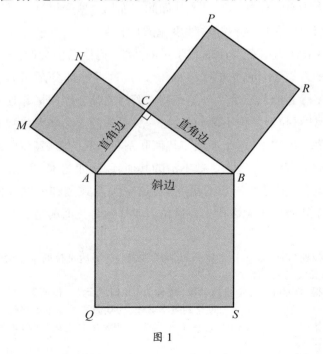

图 1

虽然我们永远无法确定是谁首先在直角三角形的各边之间建立了这种关系，但西方文化将这种关系的发现归功于毕达哥拉斯及其追随者。这些人为这一非凡的结果赋予了神秘的意义。

　　这种关系在我们的生活中以多种形式出现。例如，如图 2 所示的瓷砖地面。在直角三角形的两条直角边上的两个正方形中，有阴影和无阴影的三角形的数量之和等于此三角形斜边上的正方形中有阴影和无阴影三角形的数量。

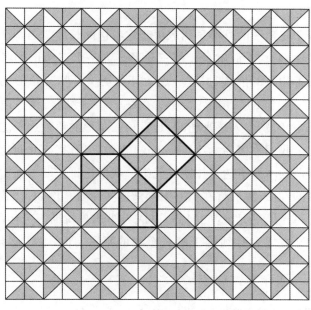

图 2

　　毕达哥拉斯定理研究的主导思想一直是寻找该定理的新证明和新应用。几个世纪以来，毕达哥拉斯定理原创证明的寻找一直吸引着数学家和数学爱好者。目前已发表了 500 多种证明，它们都验证了这一著名定理的正确性。我们将探讨一些值得关注的证明：那些非常简洁的证明，那些极为聪明的证明，以及那些真正优雅的证明！我们还将追踪这条简单但强大的定理的无所不在，它对数学和许多其他学科都产生了重大的影响。还有其他一些得益于毕达哥拉斯的研究，如音乐，也将在接下来的章节中加以研究。

　　一个直角三角形的外形显然取决于它各边的长度。当两个三角形的三条边长成比例时，它们就是相似三角形。当一个三角形的各边长是另一个三角形各边长的倍数时，这一点尤其贴切。某些三角形的三边长都是自然数①，在这样的三角形中，至少存在一个三角形，其各边长有一个公因子。其中，特别令人感兴趣的，是直角三角形的整数边长之间没有公因子的情况。我们称之为本原（primitive）直角三角形，而此时这三条边长构成我们所谓的本原毕达哥拉斯三元组。从毕达哥拉斯三元组中可以发现一些精彩的性质，我们将在本书中探索这些性质。例如，让我们考虑最流行的毕达哥拉斯三元组：(3,4,5)。成为毕达哥拉斯三元组的条件，是前两个数的平方之和必须等于第三个数的平方，即 $a^2 + b^2$ 必须等于 c^2。

---

① 　自然数就是计数数 1,2,3,4,…——原注
　　我国的现行标准将自然数定义为 0,1,2,3,4,…——译注

这组数确实满足这一条件,即 $3^2+4^2 = 9+16 = 25 = 5^2$。探究构成一个毕达哥拉斯三元组的三个数的乘积也很有趣,在本例中是 $3×4×5 = 60$。我们稍后将证明,任何毕达哥拉斯三元组的各成员之积总是 60 的倍数。我们还会向你展示如何生成其他毕达哥拉斯三元组,并挖掘它们的丰富内涵。

毕达哥拉斯定理有一个有趣的结果,即这条定理与无理数的存在被发现之间有联系,无理数是不能写成 $\frac{a}{b}$ 形式的数(其中 a、b 是整数,且 b 不等于 0)。有些人认为除了整数和分数之外,就没有其他数了。事实上,有无限多的数都不是以这两种形式出现的。其中有些被称为无理数,有些被称为虚数。有些几何长度无法用标准的英寸(或毫米)尺精确测量。但是,它们可以用标准的几何作图工具精确作图得到(例如长度为 $\sqrt{2}$ 英寸的线段)。这里的作图工具指的是一把无刻度的直尺和一副圆规。这些数字曾一度引起争议,但它们产生了一整套我们现在认为理所当然的新数字。这些数不能表示为两个整数之比,因此不是有理数,于是就被称为无理数。事实上,这些数字被称为无理数就已经暗示了伴随着它们的发现而引发的轩然大波。可以写成分数形式的数被称为有理数(即可以写成两个整数之比的数),而不能写成分数形式的数被认为是无理数。当我们使用毕达哥拉斯定理时,我们将同时使用有理数和无理数。

毕达哥拉斯定理也是解析几何的关键。解析几何是一门在坐标平面

（比如说在方格纸上看到的）上研究几何的学科。当我们在坐标平面上测量距离时，就需要用到毕达哥拉斯定理，这个坐标平面被称为笛卡儿平面，名称取自将这种方法引入几何学的法国数学家笛卡儿①。此外，整个三角学领域都依赖毕达哥拉斯定理。这些只是这条定理的一些表现，我们将一起发掘它的其他宝藏。

在本书中，我们将研究毕达哥拉斯定理的广泛应用，其中许多应用在其发现之初未曾预料，而现在已经深深扎根于我们的数学之中。我们还将深入非数学领域，观察毕达哥拉斯定理意料之外的出现，例如它在我们的流行文化中占据的一席之地（当《绿野仙踪》中的稻草人意识到自己一直都有大脑时，他脱口而出毕达哥拉斯定理）。此外，在音乐和分形艺术领域，我们也会看到毕达哥拉斯的研究所受的关注。

请与我们一起了解并探索这条几何和数学中最著名定理的力量和辉煌。我们将带你踏上一段迷人的旅程，见识令人惊叹的数学。

① 笛卡儿（René Descartes），法国哲学家、数学家、物理学家。他将几何坐标体系公式化，也是二元论的代表人物、西方现代哲学的奠基人之一。——译注

目　　录

第1章　毕达哥拉斯和他的著名定理

　　开始探索毕达哥拉斯定理时，我们会面临一些问题。其中最主要的问题是，为什么毕达哥拉斯定理表明的关系如此重要？原因有很多：也许是因为它很容易被记住，也许是因为它很容易进行可视化，也许是因为它在许多数学领域都有着迷人的应用，或者可能因为它是过去数千年来许多数学研究的基础。我们将在接下来的章节中探讨这些方面。不过，也许最好还是从它的根源开始，从我们公认的首位证明这一定理的数学家开始，考察他本人、他的生活以及他所处的社会。

　　毕达哥拉斯的第一部传记是在他去世大约 800 年后由杨布里科斯（Iamblichus）撰写的，他是毕达哥拉斯的众多狂热追随者之一，试图为毕达哥拉斯树碑立传。而且，尽管毕达哥拉斯在历史的长河之中还曾被柏拉图①、亚里士多德、欧多克索斯②、希罗多德③、恩培多克勒④等著名人物

---

① 　柏拉图（Plato），古希腊哲学家，与他的老师苏格拉底、学生亚里士多德并称古希腊三贤。——译注
② 　欧多克索斯（Eudoxus），古希腊数学家、天文学家，他的"穷竭法"现在被认为是微积分的前身。——译注
③ 　希罗多德（Herodotos），古希腊作家、历史学家，他所著的《历史》一书是西方文学史上第一部完整流传下来的散文作品，因此被尊称为"历史之父"。——译注
④ 　恩培多克勒（Empedocles），古希腊哲学家，深受毕达哥拉斯学派的影响。——译注

多次提及，但我们仍然没有关于他的非常可靠的信息。他的一些同时代的追随者相信他是半神半人，是太阳神阿波罗之子。追随者的证据是，毕达哥拉斯的母亲据说是一个非常美丽的女人。有人说他甚至创造过一些奇迹。

尽管他被一些人尊称为古代最伟大的数学家和哲学家，仍有一些批评者试图抨击他。他们说，毕达哥拉斯仅仅是一个学派——毕达哥拉斯学派——的创始人和领袖。而来自这个学派的许多科学成果都是由该学派的成员撰写并献给其领袖的，这些成果并不是毕达哥拉斯本人的工作。批评者认为他是一个成果的收集者，而对相关概念并没有更深的理解，并由此认为他没有真正对数学的深刻理解作出贡献。对像柏拉图、亚里士多德和欧几里得这样的大师也有类似的批评。我们在考虑毕达哥拉斯的生活和成果的那些"事实"时，必须时刻留心这些不确定性。

毕达哥拉斯大约在公元前 575 年①出生于位于小亚细亚海岸西部的萨摩斯(Samos)岛。他最初的、可能也是对他最有影响力的老师是费雷克斯(Pherekydes)。费雷克斯主要是一位神学家，教授毕达哥拉斯宗教、神秘主义以及数学。毕达哥拉斯年轻时游历了腓尼基(Phoenicia)、埃及(Egypt)和美索不达米亚(Mesopotamia)。在那些地方，他的数学知识得以精进，并发展了其他各项兴趣，如哲学、宗教和神秘主义。一些传记作家认为，毕达哥拉斯在十八九岁的时候，第一次去了靠近萨摩斯的一个名叫米利都(Miletus)的小亚细亚小镇。在那里，他在著名哲学家和数学家——米利都的泰勒斯(Thales of Miletus)的指导下继续他的数学研究。他很可能还听过另一位米利都哲学家阿那克西曼德(Anaximander)的讲座，后者在几何学方面给了毕达哥拉斯进一步的启发。当他回到萨摩斯时，僭主波利克拉底②上台了。波利克拉底自公元前 538 年到前 522 年统

---

① 许多历史书对毕达哥拉斯的出生年份给出了不同的说法，在公元前 600 年至公元前 570 年之间。——原注
② 波利克拉底(Polycrates)在现代因德国作家弗里德里希·席勒(Friedrich Schiller)而闻名，后者于 1797 年创作了民谣《波利克拉底指环》(*The Ring of Polycrates*)。——原注

治萨摩斯。我们不确定毕达哥拉斯对波利克拉底的统治是否持有异议。不过,毕达哥拉斯在回到萨摩斯后不久,就在大约公元前 530 年搬到了克罗敦[Croton,今意大利南部的克罗托内(Crotone)],自 8 世纪起有相当多的希腊人居住在这个地区。他在那里建立了一个团体,或者说社团,其主要关注的是宗教、数学、天文学和音乐(或声学)。这些毕达哥拉斯学派的成员坚信自然界和宇宙的所有方面都可以用自然数和自然数之比来描述和表达,而当他们发现这个团体的标志五角星与他们的核心数字原理相抵触时,这一信念受挫了①。

毕达哥拉斯学派试图借助数来解释世界和宇宙的本质。特别是他们研究了弦的振动,并发现如果两根弦的长度可以表示为两个小自然数之比,比如 1:2、2:3、3:4、3:5 等,那么这两根弦发出的声音就是和谐的。他们逐渐相信整个宇宙都必定遵守自然数之间的这种简单的关系,因而井然有序。这与他们对三种最流行的平均值的研究相关联:算术平均值、几何平均值和调和平均值,三者彼此相关。我们将在第 5 章讨论这些平均值。

毕达哥拉斯学派的另一个核心信仰是,他们相信宗教与数学之间有很强的联系。他们相信太阳、月亮,行星、恒星都是具有神性的,因此这些天体只能沿着圆形轨道运行。不仅如此,他们还认为,这些天体的运动速度不同,因此会产生不同频率的声音,而速度又取决于它们的半径。据他们说这些声音会产生一个和声音阶,他们称之为"天球的和声"。不过,他们认为人类实际上听不到这种声音,因为人类自出生起就一直被这种

---

① 他们深信自然界的所有方面都可以通过数来描述,这一信念的结果之一是:每两条线段都有一个共同的度量,也就是说它们是可公度的。如果存在一个量 m 和两个整数 α、β,使得 $a=\alpha \cdot m$ 而 $b=\beta \cdot m$,那么就称 a、b 这两个量为可公度的。但在一个五角星(即一个具有五个角的规则星形)中,各边与各对角线却是不可公度的! 据说,毕达哥拉斯的学生,梅塔蓬特姆的希帕索斯(Hippasus of Metapontum)发现了这个事实,并将此事告诉了社团以外的人。这被视为违反了保密承诺,因此希帕索斯随后被逐出社团。有人说他死于一场海难,而这被认为是神对他的亵渎行为的惩罚。另一种说法是,他是被该社团的其他成员杀害的。——原注

声音围绕着。甚至伟大的科学家开普勒①有时也被描述为属于晚期毕达哥拉斯学派,因为开普勒相信行星的轨道直径可以用内切于和外接于柏拉图多面体②来解释(参见图1.1)。这一想法发表在他1619年的著作《宇宙和谐论》(*Harmonices Mundi*)一书之中。

图 1.1

　　毕达哥拉斯学派的信徒希望通过研究天体的运行轨迹来净化他们的灵魂,为他们最终进入天堂做好准备。他们相信,在这个最后阶段到来之前,他们的灵魂会转世,不仅会从一个人转世成另一个人,还会转世成动物。因此,除了他们包括谦逊、纪律和保密的规则之外,据说他们还禁止献祭动物和吃肉,因为他们相信亡者的灵魂可能附在动物身上。为了进一步提高他们专注于这些信仰的能力,他们还避免吃豆类,因为豆类会使肠胃产生胀气而干扰智力思维。不过,一些传记作者认为,毕达哥拉斯学派只对某些动物实施动物献祭禁令,即那些他们认为有灵魂的动物。有一则传闻称,每当毕达哥拉斯学派提出并证明一个数学概念时,他们就会献祭20头公牛。

　　与毕达哥拉斯学派相反,哲学家阿那克萨戈拉(Anaxagoras)和德谟

① 开普勒(Johannes Kepler),德国天文学家、数学家,发现了描述行星运动的三条开普勒定律。——译注

② 柏拉图多面体(Platonic solid)是指表面由同一类型的正多边形组成的多面体。只有五种柏拉图多面体:正四面体(由4个等边三角形构成的角锥)、立方体(由6个正方形构成)、正八面体(由8个等边三角形构成的双角锥)、正十二面体(由12个正五边形构成)和正二十面体(由20个等边三角形构成)。——原注

克利特（Democritus）则认为行星和恒星只是发光的石头。阿那克萨戈拉因为信奉这一信仰而以所谓的"不敬神"被判处死刑，但在备受尊敬的政治家伯里克利（Pericles）的干预下，他的判决被减为流放。

毕达哥拉斯之所以拥有如此众多的追随者，部分是由于他是一位能言善辩的演说家。事实上，他在克罗敦向公众发表的四次演讲至今仍然为人们所铭记。毕达哥拉斯学派还在该地区获得了政治影响力，甚至对非希腊人群体也有影响。但有时——正如在政治中经常发生的那样——他们会面临阻力和敌意。后来（大约在公元前 510 年），当毕达哥拉斯学派被卷入各种政治争端时，他们被逐出了克罗敦。这群流离失所的人试图移居到其他城镇，如洛克里（Lokri）、考洛尼亚（Caulonia）和塔伦特（Tarent），但是这些城镇的居民不允许他们定居。最后，他们在梅塔蓬特姆找到了新家。大约在公元前 495 年，毕达哥拉斯长眠于斯。

由于没有合适的、有号召力的领袖来接替毕达哥拉斯的位置，因此在他去世后毕达哥拉斯学派分裂成了好几个小团体，试图延续他们的传统，同时继续在意大利南部的各个城镇施加政治影响。他们相当保守，与那些有影响力的老牌家族关系很好，这使他们与同时代的普通人产生了冲突。他们的对手一旦占了上风，就开始对毕达哥拉斯学派进行血腥迫害。迫于政治压力，他们中的许多人迁移到了希腊。这大体上就是毕达哥拉斯学派在意大利南部的终结了。仍有极少人还试图延续传统，推进毕达哥拉斯的理想。坚持下来的两个团体是 Acusmatics 和 Mathematics。前者相信 acusma（即相信他们听到过的毕达哥拉斯说的话），而并不给出任何进一步的解释。他们给出的唯一理由就是"他是这样说的"。这在那个时代赋予了毕达哥拉斯一定程度的重要性，或者说声望，这种声望在某种程度至今仍然存在。与 Acusmatics 相反，Mathematics 试图进一步发展毕达哥拉斯的思想，并为这些思想提供精确的证明。

留在意大利的极少数毕达哥拉斯学派成员之一是塔伦特姆的阿基塔斯（Archytas of Tarentum）。他不仅是一位数学家和哲学家，还是一位非常成功的工程师、政治家和军事领袖。大约在公元前 388 年，他与柏拉图成为朋友。由此使人们产生了这样一种看法：柏拉图是从阿基塔斯那里学到了毕达哥拉斯哲学，而这导致了柏拉图在著作中讨论毕达哥拉斯哲学。亚里士多德最初是柏拉图学园的一名学生，但很快就成了那里的老师，亚里士多德所写的文章对毕达哥拉斯学派相当具有批判性。虽然柏拉图可能采纳了毕达哥拉斯学派的许多观点，比如行星和恒星的神性，但在其他情况下，他并不同意这一学派的那些观点。柏拉图在他的书中只提到了一次毕达哥拉斯，而且并不将他视作一位数学家，尽管柏拉图与其时代的所有数学家都有着密切的联系，并高度地尊重他们。很可能柏拉图不认为毕达哥拉斯是一位真正的数学家。同样，亚里士多德也提到了毕达哥拉斯学派，但是对毕达哥拉斯本人则几乎不置一词。

公元前 4 世纪，希腊人区分了"毕达哥拉斯学派"和"毕达哥拉斯主义者"。后者指的是秉持毕达哥拉斯哲学的极端主义者，他们不同寻常的禁欲主义生活方式，使他们经常成为嘲讽的对象。尽管如此，在毕达哥拉斯学派之中还是有一些成员仍能赢得外界的尊敬。

公元前 4 世纪之后，毕达哥拉斯哲学从人们的视野中消失。直到公元前 1 世纪，毕达哥拉斯又在罗马流行起来。这种"新毕达哥拉斯主义"在随后的几个世纪中依然保持活跃。公元 2 世纪，格拉萨的尼科马库斯（Nicomachus of Gerasa）写了一本关于毕达哥拉斯数论的书。波伊提乌斯（Boethius）将该书翻译成拉丁文译本，该译本广为流传。如今，毕达哥拉斯的思想已渗透到我们思想的各个领域，我们将看到这一点。

毕达哥拉斯定理

现在让我们来专注于毕达哥拉斯那个以他的名字命名、闻名当今世界的几何关系。我们不妨考虑一下他(或他的社团)在建立这个令人惊叹的关系中所发挥的重要作用。

虽然在毕达哥拉斯之前,人们就已经知道了这一关系(正如你将在接下来的几页中看到的那样),但这条定理以他的名字来命名仍是合适的,因为毕达哥拉斯(或毕达哥拉斯学派的成员之一)最先对这条定理作出证明——至少就我们所知是这样。历史学家们认为,也许是受到了地砖图案的启发,他使用了图 1.2 和图 1.3 所示的两个正方形。在这里,我们将简要地说明这个证明①。

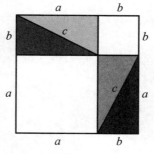

图 1.2

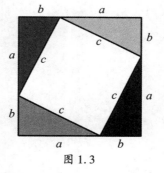

图 1.3

要证明 $a^2+b^2=c^2$,只需要从两个大正方形中各减去四个边长为 a、b、c 的直角三角形,于是在图 1.2 中,你就得到了 a^2+b^2,而在图 1.3 中,你得到了 c^2。由于两个大正方形的大小相同,而我们从每个正方形中减去了相等的量,于是就可以得出 $a^2+b^2=c^2$ 的结论。这一点正如图 1.4 所示:这两个图形的面积相同。

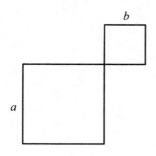

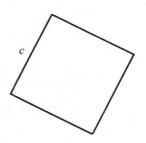

图 1.4

① 更详细的证明将在第 2 章中作为图形证明 1 给出(第 22 页)。——原注

证明一条定理是一回事，但提出建立这种几何关系的想法就是另一回事了。毕达哥拉斯很可能是在他前往埃及和美索不达米亚的学习之旅中了解到这一关系的。当时，那里的人们已经知道这一概念，并在一些特殊情况下将其用于建筑之中。

埃及

毕达哥拉斯在埃及旅行期间,可能目睹了所谓"拉绳法"(Harpedonapts)的测量方法。当地人在绳子上打 12 个等距的结,用这根绳子构造出一个三角形,其三边长分别为 3 个单位、4 个单位和 5 个单位,他们知道这样能够"构造"出一个直角(见图 1.5)。

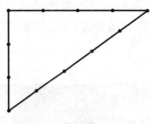

图 1.5

他们将此知识应用于勘测每年洪水过后的尼罗河河岸,以便那里的农夫们重新划出矩形的农田。他们也使用这种方法来铺设寺庙的基石。据我们所知,埃及人并不知道毕达哥拉斯定理得出的一般关系。他们似乎只知道边长为 3、4、5 的三角形这一组特例,这组边长会构成一个直角三角形。这是根据经验得出的,而不是通过某种正式的证明。

美索不达米亚

在美索不达米亚,数学家甚至能够给出更多满足毕达哥拉斯条件 $a^2+b^2=c^2$ 的三元组,正如我们可以在约公元前 1800 年的一块被称为普林普顿 322(Plimpton 322,见图 1.6)[①]的巴比伦泥板上看到的。这块泥板是 19 世纪中期在美索不达米亚发掘中发现的约 50 万块泥板之一,其中约 300 块被鉴定为具有数学意义。这块泥板是用古巴比伦文字(即楔形文字)书写的,使用六十进制。它向我们展示了远在希腊人之前就存在的高水平数学知识。

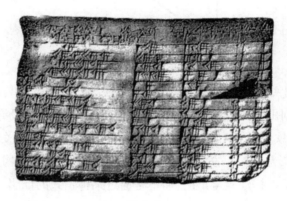

图 1.6

在表 1.1 中,我们将巴比伦数字转换成了我们的十进制,这强烈表明了他们对毕达哥拉斯三元组的了解[②]。表中,带阴影的两列中列出了几组毕达哥拉斯三元组的一条直角边(b)和斜边(c)。

在这里,我们注意到每行中左侧的三个数满足毕达哥拉斯定理 $a^2+b^2=c^2$,因此它们是毕达哥拉斯三元组。

---

① 这块泥板由纽约哥伦比亚大学图书馆永久收藏。——原注
② 其中四个条目有错误,我们在表中已更正。下面给出 4 个正确的条目,原来的错误条目在括号中给出:4825（11 521）、481（541）、161（25 921）和 106（53）。——原注

表 1.1

a	b	c	m	n
120	119	169	12	5
3456	3367	4825	64	27
4800	4601	6649	75	32
13 500	12 709	18 541	125	54
72	65	97	9	4
360	319	481	20	9
2700	2291	3541	54	25
960	799	1249	32	15
600	481	769	25	12
6480	4961	8161	81	40
60	45	75	2	1
2400	1679	2929	48	25
240	161	289	15	8
2700	1771	3229	50	27
90	56	106	9	5

　　毕达哥拉斯三元组也在北欧的一些巨石环中被发现。在那里,巨石环中有一些数字三元组,而且,它们都是准确的毕达哥拉斯三元组。不过,在巴比伦,我们不仅发现了毕达哥拉斯三元组,而且还发现了一些题目,这些题目只能通过正确理解毕达哥拉斯定理来解答。

　　巴比伦人提出了杆靠墙问题(*Pole against the wall problem*)。如果一根长度为 0;30 个单位的杆沿着 0;30 个单位的墙下滑 0;6 个单位,那么杆的底端离墙的底部有多远①(见图 1.7)?

————————

① 巴比伦人使用以 60(而不是我们使用的 10)为基数的数制。例如,0;30 表示 0+$\frac{30}{60}$=0.5,0;6 表示 0+$\frac{6}{60}$=0.1,而 0;9,36 表示 0+$\frac{9}{60}$+$\frac{36}{60^2}$,等等。——原注

你将 0;30 乘以它自身,就得到 0;15。

你从 0;30 中减去 0;6,就得到 0;24。

你将 0;24 乘以它自身,就得到 0;9,36。

你从 0;15 中减去 0;9,36,就得到 0;5,24。

0;5,24 的正方形的边长是什么?0;5,24 的正方形边长是 0;18。

它在地面上远离了 0;18(个单位)。

图 1.8 以几何方式表示了这一计算过程。

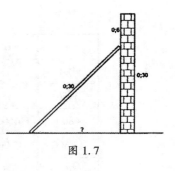

图 1.7

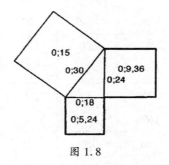

图 1.8

用我们的文字和十进制数字符号,这一计算过程可翻译如下:

对 0.5 取平方,你会得到 0.25。

从 0.5 中减去 0.1,你会得到 0.4。

对 0.4 取平方,你会得到 0.16。

从 0.25 中减去 0.16,你会得到 0.09。

0.09 是一个正方形的面积,该正方形的边长是 0.3。

这根杆滑了 0.3,换算成六十进制就是 0;18①。

在另一块泥板 YBC 7289 上,我们可以看到巴比伦人已经应用毕达哥拉斯定理计算出了 $\sqrt{2}$ 的一个相当精确的近似值。在图 1.9 中有这块泥板

① 0.3 = $\dfrac{18}{60}$,我们在以 60 为基数的数列中将其写成 0;18。——原注

的三张图片:第一张显示原泥板,第二张显示带有强调标记的泥板,而第三张显示其各边的长度值。在这块泥板上有一个边长为 1 的正方形,沿其对角线写着一个值。也就是说,这里有一个等腰直角三角形,它是此正方形的一半。通过使用毕达哥拉斯定理,我们可以确定,在这个直角边长为 1 的等腰三角形中,斜边长为 $\sqrt{2}$,这是因为 $1^2+1^2=2=c^2$,由此可得 $c=\sqrt{2}$。

对角线上的数为:1;24,51,10,换算后是:

$$1+\frac{24}{60}+\frac{51}{60^2}+\frac{10}{60^3}=1.414\,212\,963$$

这与 $\sqrt{2}=1.414\,213\,5\cdots$ 的值非常接近。

第二行 42;25,35 是 $\sqrt{2}$ 与(左上)给定的直角边长 30 的乘积。第二行的值是以 60 为基数的,即:

$$42+\frac{25}{60}+\frac{35}{60^2}=42.426\,388\,89,而\ 30\times\sqrt{2}=42.426\,406\,87\cdots$$

这是一个非常精确的近似!

图 1.9

印度

出于地理上的原因，我们想当然地认为毕达哥拉斯是在埃及或美索不达米亚了解到直角三角形的这一关系的。不过，一些历史学家认为，他也可能是在印度了解到这一关系的。人们在印度哲学和毕达哥拉斯的原则之间发现了相似之处。在约公元前 800 年撰写的《宝陀耶那法经》的《绳经》（*Sulva Sutra*）中，我们已经可以找到描述毕达哥拉斯关系的一些论述：

> 沿着对角线的长度拉伸一根绳子，就会产生一块由竖直边和水平边共同构成的面积①。

对于等腰直角三角形这一特例，有：

> 在正方形两端拉伸的弦产生的面积是原来正方形的两倍②。

将前面的这一关系应用于一个等腰直角三角形，我们就得到了这个关系的一个特例，我们可以看出，图 1.10 所示的折叠和展开就类似于在

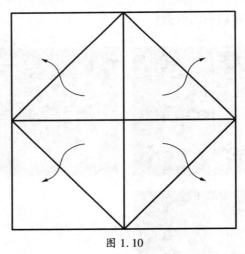

图 1.10

---

① 这段话的意思是，如果一个正方形的边长是一个矩形的对角线长度，那么该正方形的面积就等于两个正方形的面积之和，而这两个正方形的边长分别为该矩形长和宽。——原注

② 这段话表明，一个单位正方形的对角线必定等于 $\sqrt{2}$，因为若将这一长度作为一个正方形的边长，就会产生面积 2，即原正方形面积的两倍。——原注

公元前 380 年柏拉图的《美诺篇》(Meno)中,苏格拉底"教导"美诺的奴隶时所使用的论证风格:在一种非常简单的情况下举一个具体的例子。

这些陈述是印度数学文献中关于毕达哥拉斯定理的最早记载。在随后的几个世纪里,其他书籍也有类似的说法。因此,我们可以假设《宝陀耶那法经》的《绳经》在这个地区已广为人知。我们还可以进一步假设,毕达哥拉斯在接触印度文化时可能已经熟悉了这个想法。

中国

　　刚刚讨论了许多西方的证明,但我们也必须考虑在东方发生的那些事情。毕达哥拉斯是最早发现这条以他的名字命名的定理的人吗?远东有人在他之前就发现了这一定理吗?在中国最古老的数学书籍之一(甚至可能没有之一)《周髀算经》中,我们也可以找到毕达哥拉斯定理。现在还不清楚这本书是什么时候写的。一些历史学家认为成书是在公元前12世纪,而另一些历史学家则认为这是公元前1世纪的作品。因此,尚不清楚印度数学家是从中国人那里学到了毕达哥拉斯定理,还是他们独立发现了这个定理(反之亦然)。后一个假设似乎最有可能,因为在中国的数学中,毕达哥拉斯定理更多的是一种算术练习,而在印度或巴比伦的数学中,毕达哥拉斯定理的基本原理则源自几何测量。

　　《九章算术》一书几乎与《周髀算经》一样古老,它可能是所有中国古代数学书籍中最有影响力的一本。其中汇集了246个测量、工程和其他与数学相关的学科的问题。在该书中,毕达哥拉斯定理被称为勾股定理。勾的意思是直角三角形中较短的直角边(原意是木工的方尺),股指较长的直角边。斜边称为弦,意思是"紧绷的绳子"。

　　《九章算术》中有一个关于折断的竹子的问题。在图1.11中,我们看到一根竹子高10尺。竹子在某处折断后竹梢触地,触地点离竹子根部3尺远。求断处的高度。这条著名的定理简直无所不在。

　　与其他没有为毕达哥拉斯定理提供证明的文化不同,中国人给出了一个"证明",至少是针对边长为3,4,5的三角形这种特殊情况的证明。

　　如果你在图1.12中的两个正方形中分别减去四个阴影直角三角形,那么你会发现在左图所示的第一个正方形中剩下 c^2,而在右图所示的第二个正方形中则剩下 a^2+b^2。

　　无论毕达哥拉斯定理起源于何处,它一直吸引着数学家和数学爱好者。正如你将在第二章中看到的,诸如柏拉图、欧几里得、亚里士多德、达·芬奇和美国前总统加菲尔德等著名人物都对这一久享盛名的定理提出了原创性的证明。几千年来,数学爱好者一直在寻找这条著名定理的

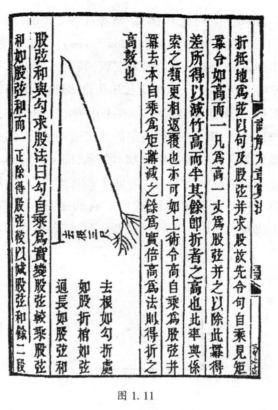

股弦和與勾求股法曰勾自乘為實變股弦較乘股弦
和如股弦和而一正除得股弦較以減股弦和餘二段

折抵地寫弦以句及股弦并求股故先令句自乘見矩
羃令如高而一凡為高一丈為股弦并之以除此羃得
差所得以減竹高而半其餘即折者之高也此率與係
索之類更相返覆也亦可如上術令高自乘為股弦并
羃去本自乘為矩羃減之餘為實倍高為法則得折之
高數也

去根如勾折處
如股折棺如弦
逼長如股弦和

图 1.11

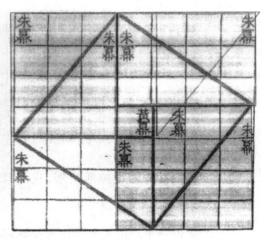

图 1.12

证明。事实上，1940年，时任鲍德温-华莱士学院（Baldwin-Wallace College）数学荣誉教授的卢米斯（Elisha Scott Loomis）出版了他的《毕达哥拉斯命题》（*Pythagorean Propostion*）的第二版，其中收录了对毕达哥拉斯定理的367种证明。在那之后，人们又提出了许多证明，并自豪地发表在数学期刊上。不过，卢米斯明确指出，他在书中列出的这些毕达哥拉斯定理的证明中，没有一种使用了三角学，正如他点明的那样，这是因为三角学这一领域依赖于毕达哥拉斯定理的基本关系，即 $\sin^2 A + \cos^2 A = 1$。因此，使用三角学证明毕达哥拉斯定理就等同于循环推理，因为用依赖于一条定理的"工具"来证明该定理可不是正确的逻辑。对图1.13所示的 Rt$\triangle ABC$ 的正弦和余弦应用毕达哥拉斯定理，就能很容易地证明 $\sin^2 A + \cos^2 A = 1$ 成立。

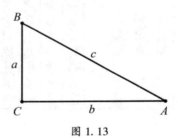

图 1.13

对于 Rt$\triangle ABC$（图1.13），我们知道角 A 的正弦为 $\sin A = \dfrac{a}{c}$，余弦为 $\cos A = \dfrac{b}{c}$。如前所说，构成三角学基础的基本三角关系是 $\sin^2 A + \cos^2 A = 1$。从上面定义的正弦和余弦，我们得到

$$\sin^2 A + \cos^2 A = \left(\frac{a}{c}\right)^2 + \left(\frac{b}{c}\right)^2 = \frac{a^2}{c^2} + \frac{b^2}{c^2} = \frac{a^2 + b^2}{c^2}$$

再根据毕达哥拉斯定理，我们就得到 $a^2 + b^2 = c^2$，即 $\dfrac{a^2 + b^2}{c^2} = 1$，因此 $\sin^2 A + \cos^2 A = 1$。

要进一步理解关于毕达哥拉斯定理的证明带来的启示，请读一下伟大科学家爱因斯坦的话：

我记得在我拿到那本神圣的几何小册子之前,我的一位叔叔告诉过我毕达哥拉斯定理。经过一番努力,我基于三角形的相似性成功地"证明"了这条定理……对于任何第一次体验到(这些感觉)的人来说,居然能够在纯粹的思考中达到这样一种程度的确定性和纯洁性,就像希腊人第一次向我们展示这在几何上是可能的那样,这真是非常不可思议。①

本着这种发现的精神,我们现在开启一段由毕达哥拉斯定理和毕达哥拉斯的研究所引导的旅程,见证它们在我们现代数学及其他各知识体系种种方面的应用。

---

① *Albert Einstein*: *Philosopher-Scientist*, ed. Paul Arthur Schilpp, New York: Tudor, 1951, pp. 9-11。——原注

第2章 不用(很多)文字证明毕达哥拉斯定理

我们对毕达哥拉斯定理的着迷在于它是数学的基柱之一。显然,如果没有这条重要的定理,我们如今所知道的几何就不可能存在。例如,三角学本质上就是基于这一重要定理。数学家和业余爱好者都有着持续的动机去寻找毕达哥拉斯定理的新的证明,以确定它的正确性,这进一步推动了我们对毕达哥拉斯定理的迷恋。正如我们所注意到的,对这一定理既有几何证明(其中一些非常复杂),也有代数证明,但没有三角学证明,因为三角学主要就是基于毕达哥拉斯定理,使用三角学证明会导致循环论证。

时至今日,人们还不时会在专业期刊上发表一些毕达哥拉斯定理的新证明或新图形展示。我们在上一章中讨论了卢米斯,他对毕达哥拉斯定理证明的收集有重要贡献。卢米斯写了一本书——《毕达哥拉斯命题》,这本书中收录了对这一著名定理的 367 种证明,收录的方法都是代数和几何的。

毕达哥拉斯定理最令人愉快的那些证明可以只用符号来表示,而几乎不需任何其他解释。它们已经不言自明了。这些证明往往展示出意想不到的独创性,并使我们对毕达哥拉斯定理有了更深入的理解。当你阅读这些异常聪明的证明时,我们将提供一些注释来帮助你理解这些以图形展示为主的证明。在本章中，我们还将提供一些非常巧妙的证明（或图形展示），这些证明有时会使用极具想象力的图形，从而顺利地得出所需的结果。当你考虑这些证明（特别是图形展示）时，请关注本书提供的论述，因为这些论述将很好地为你提供一个了解几何之美的窗口。我们在第16页已经论述过了那个通常被认为是毕达哥拉斯实际使用的方法。

图形证明 1

印度数学家巴斯卡拉(Bhaskara)提供了一个图形证明。他从一个边长分别为 a、b 和 c 的直角三角形开始(图 2.1)。

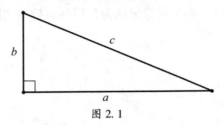

图 2.1

巴斯卡拉只是对于给定直角三角形的斜边 c,画了一个以 c 为边长的正方形,并将其划分为四个全等的直角三角形(它们与原直角三角形也是全等的)和一个较小的正方形(见图 2.2)。然后,他重新放置了这五个部分,如图2.3 所示。他在旁边写上了一个"瞧",就表明毕达哥拉斯定理的证明已经完成了。对此证明的解释是,图 2.2 和图2.3 的面积相等:在图 2.2 中,边长为 c的正方形的面积就是 c^2;图 2.3 所示的面积由两个正方形构成,其中一个边长为 a,另一个边长为 b。这两个正方形(即整个图形)的面积之和为 a^2+b^2。由于图 2.2 和图 2.3 中所示的面积相等,而每个面积都由相同的四个全等直角三角形和一个边长为 $(a-b)$ 的正方形组成,于是我们就可以得出 $a^2+b^2=c^2$ 的结论。

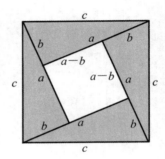

图 2.2

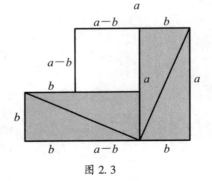

图 2.3

在我们开始展示毕达哥拉斯定理的下一个证明图形之前,我们应该考虑一个关于面积比较的简单关系。在图 2.4(a)中,我们注意到正方形 ACNM 和平行四边形 ACEH 具有相同的底 AC 和相同的高 NC(因为直线 MK 与直线 AP 平行)。因此,它们的面积相等(请回忆一下,正方形和平行四边形的面积公式都是 S=bh)。

现在考虑图 2.4(b)中的 △ACE。回想一下三角形的面积公式是 S= $\frac{1}{2}bh$。正方形 ACNM 和 △ACE 具有相同的底和高,因此 △ACE 的面积是正方形 ACNM 的一半。我们将在下面的证明中使用这些关系。

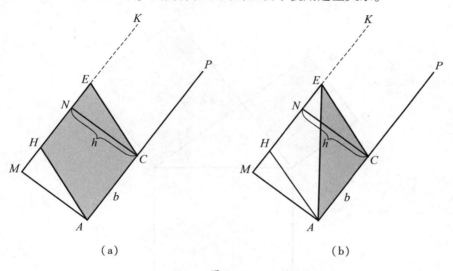

(a)   (b)

图 2.4

图形证明 2

我们可以通过移动一个图形的一部分来证明毕达哥拉斯定理，即证明一个直角三角形的两条直角边上的两个正方形面积之和与斜边上的那个正方形面积相同。在图 2.5 中，我们从 Rt△ABC 三边上所作的三个正方形开始①。我们的方法是按照图 2.5 至图 2.9 所示的方式滑动阴影区域。接下来，我们将对其中的每一步作出解释。

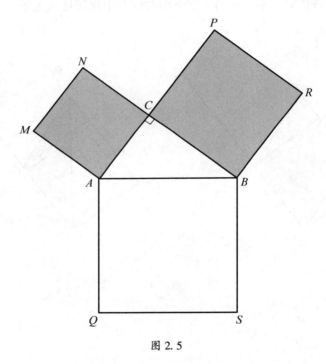

图 2.5

① Eves, *Great Moments in Mathematics* (*Before 1650*), pp. 31,33。——原注

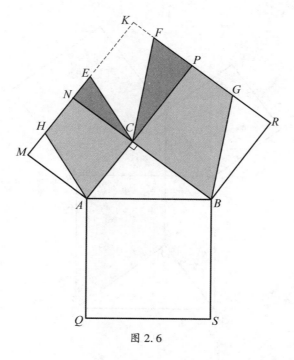

图 2.6

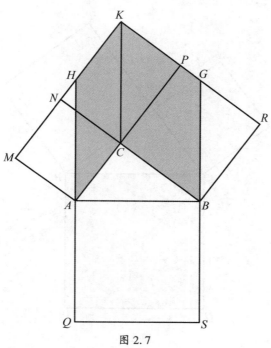

图 2.7

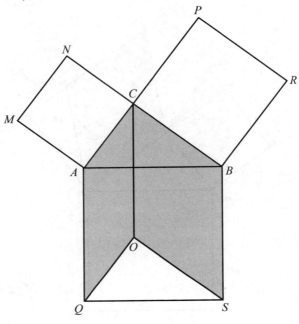

图 2.8

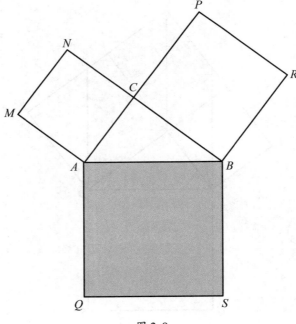

图 2.9

首先,我们将 MN 和 RP 延长,交于点 K,如图 2.6 所示。我们注意到,两个阴影平行四边形分别与它们共用底边的各正方形具有相同的面积。也就是说,平行四边形 ACEH 的面积等于正方形 ACNM 的面积,因为它们有共同的底 AC 和共同的高 CN。同理,平行四边形 BCFG 的面积等于正方形 BCPR 的面积。

　　进一步滑动这两个平行四边形,直到它们相互接触,如图 2.7 所示。此时,这两个平行四边形仍然分别与它们开始时各自的正方形具有相同的面积。因此,两个阴影平行四边形的面积之和等于原直角三角形两条直角边上所作的那两个正方形的面积之和。

　　因为 $BC = BR$,$\angle GBR = \angle ABC$(因为每个角都由一个直角减去 $\angle GBC$ 构成),并且这两个三角形都有一个直角,我们可以证明 $\triangle GBR \cong \triangle ABC$。因此,$GB = AB$,由此可得 $GB = BS$。

　　沿着 BS 的长度滑动此阴影图形,将其置于图 2.8 所示的位置。

　　由于 $\triangle ABC \cong \triangle QSD$,我们可以将图 2.8 中阴影区域的 $\triangle ABC$ 部分放置在 $\triangle QSD$ 上,这就给出了正方形 ABSQ 的面积(见图 2.9)。因此,仅通过沿着既定路径滑动一些区域,我们就已证明了正方形 ACNM 与正方形 BCPR 的面积之和等于正方形 ABSQ 的面积,而这就是毕达哥拉斯定理。

　　用两种方式我们可以将毕达哥拉斯定理的使用扩大化:推广到任何非直角三角形(即不是直角三角形)以及使用平行四边形(而不是边上的正方形)。这是亚历山大城的帕普斯(Pappus of Alexandria)在他的《数学汇编》(*Mathematical Collection*)第四卷中首先提出的。图 2.10 中给出了一个任意 $\triangle ABC$。在其两条边(AC 和 BC)上作平行四边形 ACNM 和 BCPR。将边 MN 和 RP 延长,并相交于点 K。将线段 KC 延长使 $TY = KC$。然后作平行四边形 ABSQ,使 AQ 与 TY 平行且相等。类似于毕达哥拉斯定理的证明,我们现在可以证明平行四边形 ACNM 和 BCPR 的面积之和等于平行四边形 ABSQ 的面积。

　　为了表明这一点,我们使用与之前类似的论证。下面三个平行四边形具有相等的面积:

$$S_{\square ACNM} = S_{\square ACKX} = S_{\square ATYQ}$$

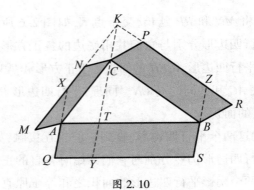

图 2. 10

同理,下面三个平行四边形也具有相等的面积:

$$S_{\square BCPR}=S_{\square BCKZ}=S_{\square BTYS}$$

于是结果就变得显而易见了,即

$$S_{\square ACNM}+S_{\square BCPR}=S_{\square BAQS}$$

图形证明 3

现在,你可能在比较共享相同的底和高(即高的顶点位于一条与底边平行的直线上)的三角形和四边形的面积方面已经培养出了一些"灵活性",那么我们现在就能够开始探讨能证明毕达哥拉斯定理的另一种巧妙情况。我们将注意力放到 Rt△ABC 上,现在我们将首先考虑图 2.11 中的两个阴影三角形。

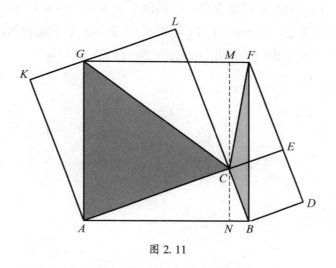

图 2.11

我们想证明 Rt△ABC 的两条直角边上的两个正方形($ACLK$ 和 $BCED$)的面积之和等于斜边上的正方形($ABFG$)的面积。我们首先证明 Rt△ABC 的这两条直角边上的这两个阴影三角的面积是相应的两个正方形面积的一半[1]。也就是说

$$S_{\triangle ACG} = \frac{1}{2} S_{ACLK}, \, S_{\triangle BCF} = \frac{1}{2} S_{BCED}$$

这是因为在这两种情况下,三角形都与相应的正方形共享同一条底边,而该底边上的高也与正方形的高相同。

---

① 点 G 在 KL 上(图 2.11)以及点 F 在 DE 延长线上的理由已隐含在图形证明 2 的讨论中(第 24-28 页)。——原注

我们现在必须证明,这两个阴影三角形的面积之和是 Rt△ABC 斜边上的正方形(ABFG)的面积的一半。我们将正方形 ABFG 的面积分为两个部分:矩形 ANMG 和矩形 BNMF。我们可以看出,这两个阴影三角形的面积是这两个正方形面积的一半,也就是说

$$S_{\triangle ACG} = \frac{1}{2} S_{ANMG}, S_{\triangle BCF} = \frac{1}{2} S_{BNMF}$$

因此,这两个阴影三角形的面积之和等于正方形 ABFG 面积的一半。这意味着 Rt△ABC 的两条直角边上的两个正方形(ACLK 和 BCED)的面积之和等于斜边上的正方形(ABFG)的面积,因为它们的面积都是同样的两个阴影三角形面积的两倍。由此,毕达哥拉斯定理得证!

图形证明 4

我们也可以通过分割的方法来说明给定直角三角形三边上的各正方形面积关系，从而证明毕达哥拉斯定理。考虑如图 2.12 所示的那样分割正方形 *CBRP*。沿着正方形 *CBRP* 的各边标记出相等的线段①(*CE*、*PF*、*RG* 和 *BH*)，这样我们就可以构造出四个阴影四边形，并且可以证明它们彼此全等，然后可以将这四个阴影四边形与正方形 *ACNM* 一起恰好填满正方形 *ABSQ*。你可以用纸板来尝试这个图形展示。这又一次证明了直角三角形两条直角边上的正方形面积之和等于斜边上的正方形面积。毕达哥拉斯定理再次得证。

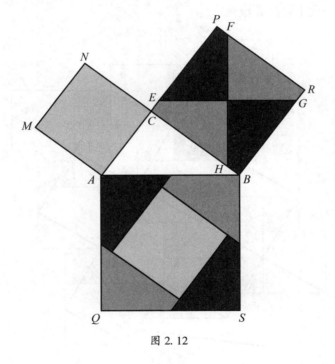

图 2.12

---

① 这些相等的线段是取 Rt △*ABC* 两条直角边长 *CB* 与 *AC* 之差的一半得到的。——原注

图形证明 5

在图 2.13 中,你会注意到图中嵌入了一个黑色直角三角形(这是我们给定的 Rt△ABE)。这个证明归功于阿拉伯的阿奈里兹(Annairizi of Arabia)。图中白色的正方形和灰色的正方形的边长分别等于给定 Rt△ABE 的两条直角边长。仔细检视后会发现,斜边 AB 上的用黑色线勾勒出的正方形(ABCD)由一些白色和灰色的区域组成。如果将这些区域放置得当,它们将恰好等于白色正方形面积和灰色正方形面积之和。因此,斜边 AB 上的正方形(ABCD)的面积就等于给定直角三角形两条直角边上的正方形面积之和。由此,我们再一次证明了毕达哥拉斯定理的正确性,这一次主要是靠检视。

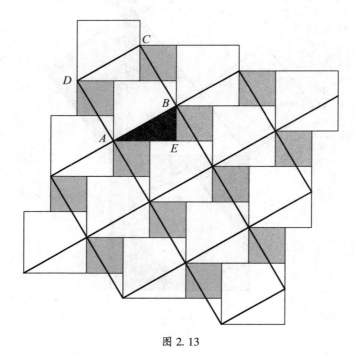

图 2.13

图形证明 6

生活在公元 3 世纪的中国数学家刘徽也使用了类似的技巧。他在 263 年出版了一本书,为《九章算术》中提出的问题提供了解答。他对毕达哥拉斯定理的证明如图 2.14 所示。你应该能够看出,经过切割可使正方形 $ACNM$ 和 $ABSQ$ 的各组成部分完美地填入正方形 $BCPR$。这个图形的对称性和一些互余角①的巧妙放置会为这一构造提供理由。因此,我们可以证明 $S_{ACNM}+S_{ABSQ}=S_{BCPR}$,而这正是毕达哥拉斯定理。

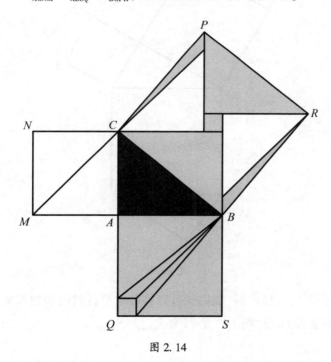

图 2.14

---

① 若两个角之和等于 90°,则称它们是互余的角。——原注

图形证明 7

在图 2.15 中，我们必须关注两对具有不寻常形状的四边形：一对是 *MNPR* 和 *TSBC*，另一对是 *MABR* 和 *CAQT*。可以证明这两对四边形分别全等。要证明这一点，你应该认识到，△*PCN*、△*BCA* 和 △*QTS* 是全等的。

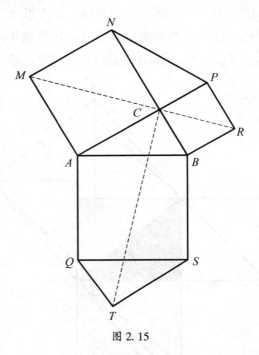

图 2.15

在接受了这一结论后，我们就可以将各对平行四边形加起来，以得到相等（但不全等）的面积。这是因为 $S_{MNPR}+S_{MABR}=S_{TSBC}+S_{CAQT}$，由此得到 $S_{MNPRBA}=S_{TSBCAQ}$。

从 *MNPRBA* 和 *TSBCAQ* 这两个多边形中去掉那个重叠的三角形（也就是我们原来的 Rt △*ABC*），然后从每个多边形中去掉两个全等的三角形，即 △*PCN* 和 △*QTS*，我们就得到 $S_{ACNM}+S_{BCPR}=S_{ABSQ}$，而这就是毕达哥拉斯定理。

图形证明 8

我们再次给出毕达哥拉斯定理的一种图形证明。这一次,我们关注的是如何构造图 2.16 所示的图形。我们像往常一样,从 $\triangle ABC$ 以及在它三边上所作的三个正方形开始。然后,作直角三角形两条直角边上的这两个正方形的公共对角线 MCR。QA 和 SB 的延长线分别与这条对角线相交于点 U 和点 V。然后,我们作 NW 平行于 AU,PX 平行于 BV,其中 W、U、X 和 V 都在直线 MR 上。

将两个较小的正方形($ACNM$ 和 $BCPR$)共分割成 8 个三角形,它们恰好填满那个大正方形,从而得出 $S_{ACNM} + S_{BCPR} = S_{ABSQ}$,此即毕达哥拉斯定理。

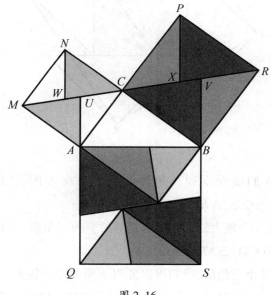

图 2.16

图形证明 9

这一次我们不对正式证明毕达哥拉斯定理的各个步骤都作出提示，而是会稍微直观一点地来证明。考虑图 2.17 的图形，我们将作一些笼统的推广，其中每一种情况都可以证明，但为了方便起见，我们将直接接受它们。

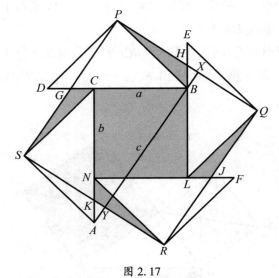

图 2.17

首先，让我们接受下列三角形彼此都是全等的：$\triangle DGP$、$\triangle EHQ$、$\triangle FJR$、$\triangle AKS$、$\triangle CGS$、$\triangle HBP$、$\triangle LJQ$ 和 $\triangle NKR$。

此外，下列几个较大的三角形都是等腰直角三角形，并且它们都是全等的：$\triangle BPD$、$\triangle CSA$、$\triangle NRF$ 和 $\triangle LQE$。

通过替换较小三角形，我们可以证明下面的四个较大三角形 $\triangle BPD$、$\triangle CSA$、$\triangle NRF$ 和 $\triangle LQE$ 的面积之和加上正方形 $NLBC$ 的面积等于正方形 $PQRS$ 的面积。

将四个较大三角形 $\triangle BPD$、$\triangle CSA$、$\triangle NRF$ 和 $\triangle LQE$ 放置在一起，就构成一个边长为 AC（或 b）的正方形，而 AC 是 Rt$\triangle ABC$ 的一条直角边。

由于 $AY=BX$，我们可以证明线段 XY（它等于正方形 $PQRS$ 的边长）

等于 AB,这就是我们重点关注的 Rt$\triangle ABC$ 的斜边。

于是,通过重新计算 Rt$\triangle ABC$ 两条直角边上的那两个正方形面积之和,我们就在本质上证明了毕达哥拉斯定理。在直角边 AC 上的正方形面积等于 $\triangle BPD$、$\triangle CSA$、$\triangle NRF$ 与 $\triangle LQE$ 的面积之和,而这就是边长为 b 的正方形的面积。也就是说,它的面积是 b^2。Rt$\triangle ABC$ 的直角边 BC 上的正方形 $NLBC$ 的面积是 a^2。

AC 和 BC 这两条直角边上的两个正方形面积之和等于最大正方形 $PQRS$ 的面积,即 c^2。于是我们就证明了毕达哥拉斯定理,因为我们已经证明了对于 Rt$\triangle ABC$,有 $a^2+b^2=c^2$。

图形证明 10

毕达哥拉斯定理的下一个图形证明归功于达·芬奇,图 2.18 展示了达·芬奇实际绘制的图形。

欧几里得在其著作《几何原本》第一卷的命题 47 中推广了毕达哥拉斯定理的这一证明。虽然听起来很吓人,但其实相当简单。回想一下我们在图 2.4b 中描述的关系。将该结果应用于图 2.19,我们发现 $\triangle MAB$ 的面积是正方形 $MACN$ 面积的一半。同理, $\triangle CAQ$ 的面积是矩形 $AQHJ$ 面积的一半。又由于 $\triangle MAB \cong \triangle CAQ$①,我们就可以得出结论,正方形 $MACN$ 的面积等于矩形 $AQHJ$ 的面积。

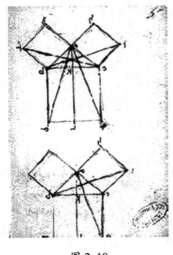

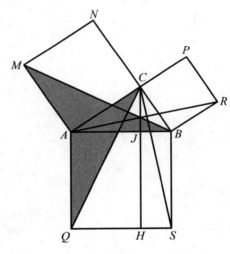

图 2.18　　　　　　　　图 2.19

在图的另一侧使用类似的策略,我们可以证明正方形 $PRBC$ 与矩形 $BSHJ$ 的面积相等。因此,我们通过相加得到

$$S_{MACN} + S_{PRBC}$$
$$= S_{AQHJ} + S_{BSHJ}$$
$$= S_{ABSQ}$$

---

① 　$MA=CA, QA=BA, \angle MAB = \angle CAQ$,然后应用边角边(SAS)推出所需的全等。——原注

这再次证明了毕达哥拉斯定理的正确性。

你可以通过图 2.20 所示的模拟运动分阶段观察这一过程。

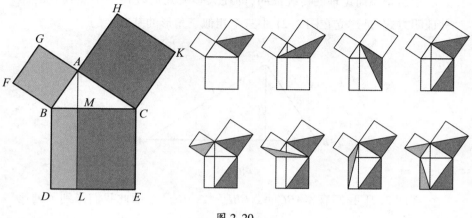

图 2.20

图形证明 11

毕达哥拉斯定理的传统证明,即在大多数几何教科书中能找到的那种证明方式,是建立在图 2.21 中三个相似三角形的基础上的。

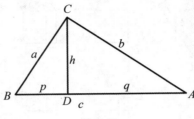

图 2.21

在图 2.21 我们有 $\triangle ABC \backsim \triangle CBD \backsim \triangle ACD$①。因此我们得到下列比例关系:

由 $\triangle ABC \backsim \triangle CBD$,我们得到 $\dfrac{c}{a} = \dfrac{a}{p}$,这也可写成 $a^2 = cp$,

由 $\triangle ABC \backsim \triangle ACD$,我们得到 $\dfrac{c}{b} = \dfrac{b}{q}$,这也可写成 $b^2 = cq$,

将以上两式相加,我们得到

$$a^2 + b^2 = cp + cq = c(p+q)$$

而

$$p + q = c$$

因此,$a^2 + b^2 = c^2$,毕达哥拉斯定理再次被证明。

毕达哥拉斯定理
力与美的故事

---

① $\angle BCD$ 是 $\angle ACD$ 的余角,$\angle A$ 也是 $\angle ACD$ 的余角。因此,$\angle BCD = \angle A$,再加上这三个三角形中的三个直角,我们就确定了它们是相似的。——原注

图形证明 12

有一些为毕达哥拉斯定理给出证明的人，并不以他们的高超数学水平而闻名。1876 年，后来成为美国第 20 任总统的加菲尔德还是一位众议院议员。他曾提出了以下证明①。（加菲尔德曾是一名古典文学教授，他至今仍然拥有的殊荣是：他是唯一作为在任众议院议员当选为美国总统的。）现在让我们来看一看他提出的证明。

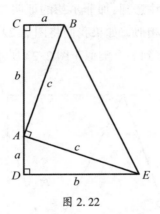

图 2.22

在图 2.22 中，$\triangle ABC \cong \triangle EAD$，并且图中的三个三角形都是直角三角形②。梯形 $DCBE$ 的面积是高$(a+b)$与上下底之和$(a+b)$的乘积的一半，我们可以把这个面积写成$\frac{1}{2}(a+b)^2$。

我们也可以通过求图中的三个直角三角形的面积之和来得到梯形 $DCBE$ 的面积：

$$\frac{1}{2}ab + \frac{1}{2}ab + \frac{1}{2}c^2 = 2 \times \frac{1}{2}ab + \frac{1}{2}c^2$$

然后，从这两个表示整个梯形面积的表达式应相等，我们就能得出：

---

① 16. James A. Garfield, "Pons Asinorum," *New England Journal of Education* 3. no. 161(1876)。——原注

② $\angle BAC + \angle EAD = 90°$，因此 $\angle BAE$ 是直角，所以 $\triangle ABE$ 是直角三角形。——原注

$$2\times\frac{1}{2}ab+\frac{1}{2}c^2=\frac{1}{2}(a+b)^2$$

此式两边乘 2 为

$$2ab+c^2=(a+b)^2$$
$$2ab+c^2=a^2+2ab+b^2$$
$$c^2=a^2+b^2$$

毕达哥拉斯定理得证。

敏锐的读者可能会注意到,加菲尔德的证明与被认为是毕达哥拉斯使用过的那个证明有些相似。如果我们将图 2.22 中的梯形"配成"一个正方形,那么我们就会得到一个类似于图 2.23 所示的那种构形。

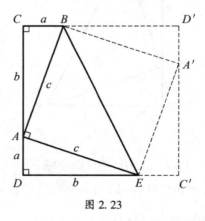

图 2.23

一位高中学生①对加菲尔德的构形加以巧妙地处理,提出了对毕达哥拉斯定理的另一种证明。她翻转了②图 2.22,得到了图 2.24 所示的图形。

她简单地从各直角三角形的面积之和求出整个梯形的面积。首先,梯形 $BB'E'E$ 的面积等于它的高与它的上下底之和的乘积的一半,即

① 德勒莫斯(Jamie deLemos)是美国马萨诸塞州弗雷明翰的弗雷明翰高中的一名学生,她的证明刊登于 *Mathematics Teacher* 88, no.1 (January1995):79。——原注

② 这也称为关于直线 *CAD* 的对称。——原注

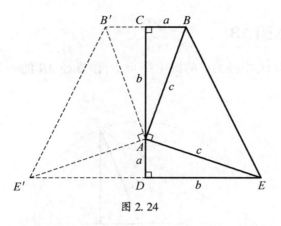

图 2.24

$\frac{1}{2}(a+b)(2a+2b)$。而这整个梯形的面积也等于组成它的六个直角三角形的面积之和,也就是说,梯形的面积等于△ABC 面积的 4 倍加上△ABE 面积的 2 倍,即 $4\left(\frac{1}{2}ab\right)+2\left(\frac{1}{2}c^2\right)$。

我们从表示梯形 $BB'E'E$ 的同一面积的表达式应是相等的,得到

$$\frac{1}{2}(a+b)(2a+2b)=4\left(\frac{1}{2}ab\right)+2\left(\frac{1}{2}c^2\right)$$

然后简化上式,我们就得到

$$(a+b)^2=2ab+c^2$$
$$a^2+2ab+b^2=2ab+c^2$$
$$a^2+b^2=c^2$$

就像这位学生自己说的:"谁能想到一个学习几何学的普通学生能为这条著名的定理想出一种原创的推导方式①呢?逻辑和创造力当然是关键因素,再加上一点推动和一些思考。"这可能会激发各位读者去为毕达哥拉斯定理寻找其他的证明。

───────────

① 虽然这看起来是证明毕达哥拉斯定理的一种方式,但实际上是加菲尔德的证明的另一种形式。——原注

图形证明 13

从圆心为 O,半径为 c 的圆上一点 P,作直径 AB 的一条垂线(见图 2.25)。

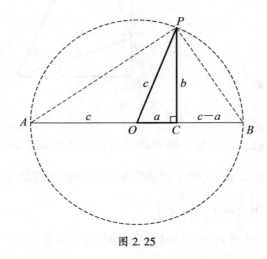

图 2.25

因为我们能证明 $\triangle PCB \backsim \triangle ACP$,所以我们就可以得出比例关系:

$$\frac{b}{c-a} = \frac{c+a}{b}。$$

可以将其改写为

$$(c-a)(c+a) = b^2$$

$$c^2 - a^2 = b^2$$

$$c^2 = a^2 + b^2$$

现在你应该能认出这就是毕达哥拉斯定理了!

图形证明 14

涉及循环四边形（即内接于一个圆的四边形）①的那条最著名定理，也许要归功于亚历山大的托勒玫（Claudius Ptolemaeus）。在他的重要天文学著作《天文学大成》（*Almagest*）中，他提出了关于循环四边形的以下定理：

> 循环四边形的两条对角线长度的乘积等于两组对边长度的乘积之和（托勒玫定理）②。

在图 2.26 中，由托勒玫定理，我们得出了以下关系：$AC \cdot BD = AB \cdot CD + AD \cdot BC$（证明在附录 A 中提供）。

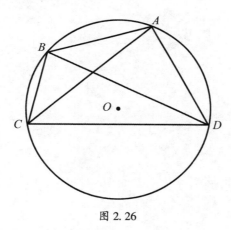

图 2.26

如果我们将托勒玫定理应用于矩形 *ABCD*（它总是可以内接于一个圆），那么从图 2.27，我们就得到以下关系：$AC \cdot BD = AB \cdot CD + AD \cdot BC$。

不过，对于矩形 *ABCD*，还有

———————————

① 请记住，并不是所有的四边形都可以内接于一个圆。例如，可以内接于一个圆的平行四边形只有正方形或长方形。——原注

② 该书的希腊语书名 *Syntaxis Mathematica* 的意思是数学（或天文学）汇编。*Almagest* 是其阿拉伯语书名，意思是伟大的集合（或汇编）。这本书是当时古人知道的所有数学天文学的手册。这部不朽著作共十三卷，其中的第一卷中编入了定理（6.11），即这条现在以托勒玫的名字命名的定理。——原注

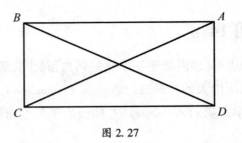

图 2. 27

$$AB = CD, AD = BC, AC = BD$$

经过适当的替换，我们就得到 $AB^2 + BC^2 = AC^2$，而这就是对 $\triangle ABC$ 而言的毕达哥拉斯定理。这样，我们就用托勒玫定理证明了毕达哥拉斯定理。

图形证明 15

尝试回忆我们曾学过的一条非常简单的定理：如果图中的两条弦①在一个圆的内部相交，那么其中一条弦的两段长度的乘积就等于另一条弦的两段长度的乘积。

在图 2.28 中，即 $pq = rs$。

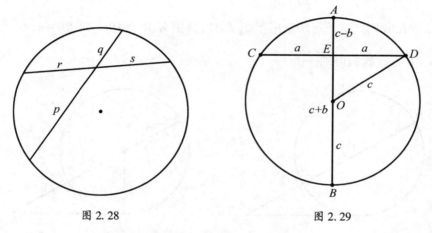

图 2.28　　　　　　　　图 2.29

在图 2.29 中，设圆的弦 CD 垂直于直径 AB。

从图中得出的 $AE = c - b$ 和 $BE = c + b$，根据上述定理，我们得到 $(c-b)(c+b) = a^2$。

因此 $c^2 - b^2 = a^2$，即 $a^2 + b^2 = c^2$。毕达哥拉斯定理再次得证。

---

① **弦**是连接圆上两点的线段。——原注

图形证明 16

类似于图形证明 15，我们将再次使用高中几何中的一条定理。这条定理指出，如果从圆外同一点 B 向该圆作一条切线①和一条割线②，那么该切线段的长度就是该割线的长度与其圆外线段长度的比例中项③。

在图 2.30 中，即 $\dfrac{BD}{BC}=\dfrac{BC}{BE}$。

让我们把这条定理应用于图 2.31，其中有 Rt$\triangle ABC$，而 $BC=a$，$AC=b$，$AB=c$。我们得到 $\dfrac{c+b}{a}=\dfrac{a}{c-b}$。

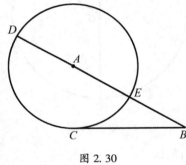

图 2.30

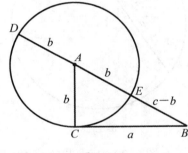

图 2.31

然后交叉相乘，有

$$a^2=(c+b)(c-b)=c^2-b^2$$

于是有 $a^2+b^2=c^2$，而这就是应用于 $\triangle ABC$ 的毕达哥拉斯定理。

---

① 从圆外的一点出发，恰好与圆上一点接触的直线称为该圆的一条切线。——原注
② 从圆外的一点出发，恰好与圆上两点接触的直线称为该圆的一条割线。——原注
③ 当一个比例关系式的两个中间位置上是同一个量时，这个量就是比例中项。例如，在比例关系式 $\dfrac{a}{x}=\dfrac{x}{b}$ 中，x 为比例中项。——原注

图形证明 17

海伦公式①是计算三角形面积的一个著名公式,它是以希腊数学家亚历山大城的海伦(Hero of Alexandria)的名字命名的。通常,为了求出一个三角形的面积,我们需要知道三角形的高和底的长度。不过,当我们只知道一个三角形三边长而不知道它的高时,海伦公式可以让我们求出这个三角形的面积。如果我们知道三条边长,那么我们也知道这个三角形的周长。因此,我们可以求出周长的一半(图 2.32),我们称之为半周长,$s = \dfrac{a+b+c}{2}$。

求一个边长为 a、b 和 c 的三角形面积的海伦公式为:

$$S = \sqrt{s(s-a)(s-b)(s-c)}\,。$$

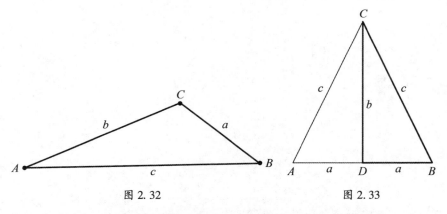

图 2.32 　　　　　　　　　　 图 2.33

在图 2.33 中,我们想要证明对于 Rt $\triangle DBC$,毕达哥拉斯定理成立。为此,我们对等腰 $\triangle ABC$ 应用海伦公式:

$$\text{半周长 } s = \frac{2c+2a}{2} = c+a$$

$$S_{\triangle ABC} = \sqrt{(c+a)(c+a-c)(c+a-c)(c+a-2a)}$$

---

① 海伦公式(Heron's formula),又称海伦-秦九韶公式。秦九韶是我国南宋时期的著名数学家。——译注

求 $\triangle ABC$ 面积的传统公式 (即 , 使用三角形的底和高) 是 $\dfrac{1}{2} \times 2ab = ab$ 。

根据 $\triangle ABC$ 的这两个面积公式相等 , 只要再用一点初级代数计算 , 就可以得到应用于 $\triangle DBC$ 的毕达哥拉斯定理 :

$$S_{\triangle ABC} = \sqrt{(c+a)(c+a-c)(c+a-c)(c+a-2a)} = ab$$

$$即 \sqrt{(c+a) \cdot a \cdot a \cdot (c-a)} = ab$$

$$\sqrt{(c^2 - a^2) \cdot a^2} = ab$$

将上式两边取平方得

$$(c^2 - a^2) \cdot a^2 = a^2 b^2$$

$$c^2 - a^2 = b^2$$

$$a^2 + b^2 = c^2$$

这就证明了毕达哥拉斯定理!

图形证明 18

唯一限制我们发现毕达哥拉斯定理的新证明的是我们的想象力。只要简单地把两个全等的直角三角形放在一个特定的构形中，我们就可以得到毕达哥拉斯定理的各种证明或图形展示。下面我们将看到三种不同的图形展示，并留待读者从这种放置两个三角形的方式找到其他的图形展示。

考虑如图 2.34 所示的两个全等 $\mathrm{Rt}\triangle ABC$ 和 $\mathrm{Rt}\triangle CDG$。C 是它们的公共顶点，点 G 在 BC 边上。

这次我们要讨论的是两个全等直角三角形的一种不寻常的构形，这需要比本章所期望的多一些文字。不过，我们只会用到一些非常基础的高中几何知识，并且会尽可能全面地对这些知识加以论述。在我们开始时，请记住，$\triangle ABC \cong \triangle CDG$。由 $\angle ABC = \angle CDG$，以及对顶角 $\angle BEG = \angle DEF$，可得 $\triangle BEG \backsim \triangle DEF$。因此，$\angle DFE = 90°$。

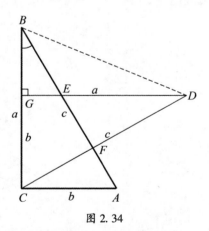

图 2.34

现在我们要暂时偏离一下主题，用 b 和 c 来表示 BF 的长度。注意到 $\triangle AFC \backsim \triangle ACB$，由此可得 $\dfrac{AB}{AC} = \dfrac{AC}{AF}$。将图 2.34 中标注的值①代入，我们就

---

① 在图 2.34 中，$BC = GD = a$，$AC = GC = b$，$AB = CD = c$。——原注

得到 $\dfrac{c}{b}=\dfrac{b}{AF}$，于是得到 $AF=\dfrac{b^2}{c}$。

我们进而得到 $BF=AB-AF=c-\dfrac{b^2}{c}=\dfrac{c^2-b^2}{c}$。

现在我们就能看到建立图 2.34 所示的这种不寻常的构形的原因了。我们可以通过两种不同的方式得到 $\triangle DBC$ 的面积。

第一种是以 CD 为底，BF 为高：

$$S_{\triangle DBC}=\frac{1}{2}CD\cdot BF=\frac{1}{2}c\left(\frac{c^2-b^2}{c}\right)=\frac{1}{2}(c^2-b^2)$$

第二种是以 BC 为底，DG 为高：

$$S_{\triangle DBC}=\frac{1}{2}BC\cdot DG=\frac{1}{2}a\cdot a=\frac{1}{2}a^2$$

当我们将这两个表示同一面积的表达式用等号连接时，我们就得到 $c^2-a^2=b^2$，或 $a^2+b^2=c^2$，也就是我们熟悉的毕达哥拉斯定理。

图形证明 19

根据这些关系,我们还可以通过四边形 $ACBD$ 来证明毕达哥拉斯定理,如图 2.35 所示。这里,就像我们在图形证明 18 中以两种方式确定 $\triangle DBC$ 的面积一样,我们将以两种不同的方式确定四边形 $ACBD$ 的面积。

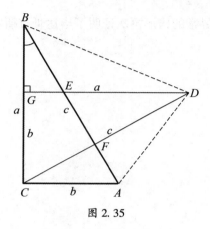

图 2.35

$$S_{ACBD} = S_{\triangle DBC} + S_{\triangle CAD}$$

$$= \frac{1}{2} CD \cdot BF + \frac{1}{2} CD \cdot AF$$

$$= \frac{1}{2} CD \cdot (BF + AF)$$

$$= \frac{1}{2} CD \cdot AB$$

$$= \frac{1}{2} c^2$$

由于 $GC = b$,$AC = b$,以 AC 为底,GC 为高,$S_{\triangle CAD} = \frac{1}{2} GC \cdot AC = \frac{1}{2} b^2$。

类似地,$S_{\triangle DBC} = \frac{1}{2} BC \cdot DG = \frac{1}{2} a^2$。

四边形 $ACBD$ 的面积是 $\triangle DBC$ 和 $\triangle CAD$ 这两个三角形的面积之和,

即 $\dfrac{1}{2}a^2 + \dfrac{1}{2}b^2$。

之前,我们已经求出四边形 $ACBD$ 的面积是 c^2。将表示同一面积(四边形 $ACBD$ 的面积)的这两个表达式用等号连接,我们得到

$$\dfrac{1}{2}a^2 + \dfrac{1}{2}b^2 = \dfrac{1}{2}c^2, \text{即 } a^2 + b^2 = c^2$$

我们由这个不寻常的构形再次证明了毕达哥拉斯定理。

图形证明 20

我们将再次使用前面两个图形证明中使用过的、由两个全等三角形构成的同一个构形。不过，这次我们将在图形中添加另一条线段 *AH*，以构成正方形 *ACGH*（见图 2.36）。

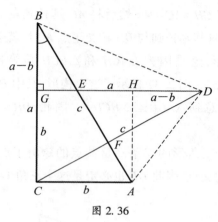

图 2.36

在前一个图形证明中，我们已确定了 $S_{ACBD} = \dfrac{1}{2}c^2$。我们也可以将该四边形的面积表示为正方形 *ACGH*、$\triangle AHD$ 和 $\triangle BGD$ 的面积之和。也就是说，

$$S_{ACGH} = b^2, \; S_{\triangle AHD} = \frac{1}{2}b(a-b) = \frac{ab-b^2}{2}, \; S_{\triangle BGD} = \frac{1}{2}a(a-b) = \frac{a^2-ab}{2}$$

现在将这三块面积相加，得到

$$b^2 + \frac{ab-b^2}{2} + \frac{a^2-ab}{2} = \frac{2b^2}{2} + \frac{ab-b^2}{2} + \frac{a^2-ab}{2} = \frac{a^2+b^2}{2}$$

我们还求出了 $S_{ACBD} = \dfrac{1}{2}c^2$。

因此，$\dfrac{1}{2}c^2 = \dfrac{a^2+b^2}{2}$，即 $a^2+b^2=c^2$。

于是，我们使用了同一个不寻常的构形，虽然以三种不同的方式证明了毕达哥拉斯定理，但本质上使用的是同一个思路，即面积相等。

图形证明 21

有一些毕达哥拉斯定理的证明,展示了某种真正的想象力或独创性。接下来的最后一种证明,将提供一种非常奇特的方法。这种方法实际上很简单,但使用了一种相当出乎意料的方式。我们从 Rt△ABC 开始,在 BC 上标出点 H,使 CH=AC=b。然后将 AC 延长到点 D,使 CD=CB=a。当我们连接 AH 并将其延长到与 BD 相交于点 E 时,就会发现△AED 是一个等腰直角三角形,这是因为△ACH 和△BCD 是等腰直角三角形,而 ∠EDA=∠EAD=45°。图 2.37 显示了这个构形,其中 DH 延长到与 AB 相交于点 F。我们注意到△ACB≌△HCD①。因此,DH=c,为方便起见,我们令 FH=x。

我们知道一个三角形的三条高是共点的。由于点 H 是△ABD 的两条高(BC 和 AE)的交点,因此 DF 也必定是这个三角形的一条高。

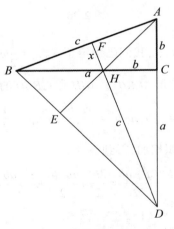

图 2.37

现在,我们已经构造了这个相当奇怪的"布局",这样就准备好去证明针对 Rt△ABC 的毕达哥拉斯定理了。为此,我们将用两种不同的方式

---

① 由于这两个直角三角形的两条直角边对应相等,因此就确立了这一全等关系。——原注

来表示△ABD 的面积：

$$S_{\triangle ABD} = \frac{1}{2}c(c+x)$$

$$S_{\triangle ABD} = S_{\triangle AHB} + S_{\triangle AHC} + S_{\triangle BCD}$$

$$= \frac{1}{2}cx + \frac{1}{2}b^2 + \frac{1}{2}a^2$$

现在将表示△ABD 面积的这两个表达式用等号连接，即

$$\frac{1}{2}c(c+x) = \frac{1}{2}cx + \frac{1}{2}b^2 + \frac{1}{2}a^2$$

$$c^2 + cx = cx + b^2 + a^2$$

$$a^2 + b^2 = c^2$$

这样，我们就利用一个相当出乎意料和奇特的构形证明了毕达哥拉斯定理。

※※※

在对毕达哥拉斯定理进行了所有这些优雅而不寻常的图形证明（或展示）之后，我们应该能够证明毕达哥拉斯定理的逆定理也是正确的。也就是说，若一个三角形的三边长为 a、b 和 c，且 $a^2+b^2=c^2$ 系成立，则较短的两条边（即 a 和 b）之间的夹角必定是直角。我们稍后将对此进行探讨。

迄今为止，对于毕达哥拉斯定理已经有四百多种这样的图形证明发表，而且在今后的岁月中可能还会发现更多。人们常说，证明的数量是无限的，几何证明和代数证明都是如此。也许我们在这里展示的一些证明会激发读者们去寻找其他的证明方式——甚至可能找到一个原创的证明！不过，就本书目的而言，我们出于历史上和美学上的考量展示了一些比较有趣的证明，如果我们由此能激发一些读者去寻找其他证明，那就更好了。

第3章　毕达哥拉斯定理的应用

毕达哥拉斯理论有着无穷多个应用,我们在使用它的时候常常没有意识到。在下面的这个例子中,我们可以简单地说明毕达哥拉斯定理在生活中的应用。假设你打算买一个圆形桌面,想知道它是否能通过你家宽 36 英寸①、高 80 英寸的门框。你打算购买的桌面直径为 88 英寸。它能通过门框吗?显然,它的直径大于门的高度。

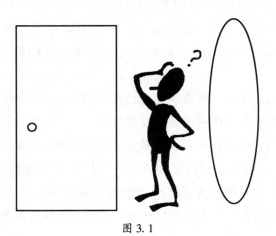

图 3.1

① 1 英寸≈2.54 厘米。——编注。

借助毕达哥拉斯定理,我们可以确定门框的对角线长度,然后看看它与桌面直径相比有何结果①。

门框的对角线 $= \sqrt{36^2+80^2} = \sqrt{1296+6400} = \sqrt{7696} \approx 87.727$

这个对角线长度仍小于桌面的直径,因此我们可以得出结论,桌面无法通过这扇门。我们知道了毕达哥拉斯定理,就可以帮助我们避免一个令人沮丧的局面:买了一个你没法弄进屋子的桌面。

---

① 当我们用毕达哥拉斯定理($a^2+b^2=c^2$)来求斜边长度时,我们将其转换为以下形式:$c = \sqrt{a^2+b^2}$。——原注

无理数长度的作图

毕达哥拉斯定理使古代数学家陷入了一个困境,那就是无理数,即非有理数,这些数不能表示为两个整数之比(即不能表示为一个普通分数)。$\sqrt{2}$、$\sqrt{5}$、$\sqrt{41}$、e 和 π 都是典型的无理数。于是难题就出现了:当我们使用的尺子没有标明像 $\sqrt{7}$ 英寸这样的分刻度时,如何能作出一条长度为 $\sqrt{7}$ 英寸的直线?毕达哥拉斯定理在这里又派上了用场。有许多方法可以作出 $\sqrt{7}$ 英寸的长度,要作出这一长度,我们就要使用毕达哥拉斯定理。

我们从等腰 Rt△BAO 开始,其中 AB 和 AO 的长度均为 1(见图 3.2)。应用毕达哥拉斯定理:$1^2+1^2=BO^2$,于是我们得到 $BO=\sqrt{2}$。然后我们作长度为 1 的 BC,使其垂直于 BO。再次应用毕达哥拉斯定理,我们得到 $CO=\sqrt{3}$(因为 $CO=\sqrt{1^2+(\sqrt{2})^2}=\sqrt{1+2}=\sqrt{3}$)。继续这个过程,我们得到

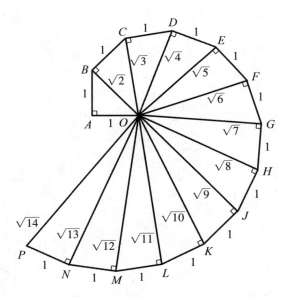

图 3.2

$DO = \sqrt{4}$, $EO = \sqrt{5}$, $FO = \sqrt{6}$, $GO = \sqrt{7}$, 而这就是我们一开始想要的①。继续这个过程, 我们可以获得更多无理数长度, 如图 3.2 所示。

---

① 使用下面的作图方法也可以得到长度 $\sqrt{x}$:

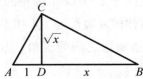

——原注

毕达哥拉斯定理的逆定理——确定一个直角三角形

显而易见的事情可能会被我们忽视——我们可以使用毕达哥拉斯定理来确定三角形的一个内角是不是直角。为了能够使用毕达哥拉斯定理的逆定理，我们必须首先确定这条逆定理是正确的，即证明它是成立的。这可以用一种相当简单(或者说微妙)的方式来实现。

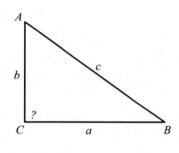
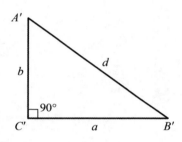
图 3.3

在图 3.3 中，我们有边长为 a、b 和 c 的 $\triangle ABC$ 和边长为 a、b 和 d 的 $Rt\triangle A'B'C'$。已知对于 $\triangle ABC$，$a^2+b^2=c^2$。我们的任务是要证明，在 $\triangle ABC$ 中，$\angle C$ 是直角。

为此，我们将利用 $Rt\triangle A'B'C'$，根据毕达哥拉斯定理可知，这个三角形中 $a^2+b^2=d^2$。因此，$d^2=c^2$，即 $d=c$。这表明 $\triangle ABC \cong \triangle A'B'C'$，因为它们的对应边长都相等。因此，$\angle C = \angle C' = 90°$。这就证明了，如果对于一个三角形有 $a^2+b^2=d^2$，那么这个三角形必定是直角三角形。这是毕达哥拉斯定理最重要的应用之一。古埃及人很早就已经在使用它了，正如我们在第 1 章中提到的，他们使用"拉绳法"来构造直角。请回忆一下，他们取一根绳子，在绳子上打 12 个等距的结。他们将这根绳子拉伸构成边长为 3、4 和 5 的三角形，就得到了两条短边之间的直角(见图 3.4)。

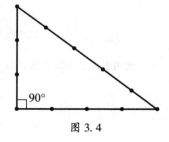

图 3.4

确定一个角是钝角还是锐角

正如我们可以使用毕达哥拉斯定理来确定一个三角形是否为直角三角形,它在确定三角形是锐角三角形还是钝角三角形时也很有用。简而言之,如果 $a^2+b^2<c^2$,那么长度分别为 a 和 b 的两边之间的夹角就是一个钝角。如果 $a^2+b^2>c^2$,那么长度分别为 a 和 b 的两边之间的夹角就是一个锐角。对这些结论的证明可以在附录 A 中找到。

新月形和三角形

圆的面积通常与直线图形的面积是不可公度的。也就是说,只有在相当罕见的情况下,才能作出一个面积等于矩形、平行四边形或任何其他由直线组成的图形(我们称之为"直线图形")的圆。不过,借助毕达哥拉斯定理,我们可以作出一个由圆弧构成的图形,使其面积等于一个三角形的面积。你看,在圆面积公式中包含了 π,而非圆形面积公式中并不涉及 π,这通常会在将圆形面积与非圆形面积相等时导致问题。这是 π 的本质所造成的结果。π 是一个无理数,永远无法与有理数相比。不过,我们将在这里做到这一点。

让我们考虑一个形状相当奇怪的图形,新月形,它是由两条圆弧形成的新月形的图形(就像月亮通常看起来的样子)。

毕达哥拉斯定理指出,直角三角形两条直角边上的两个正方形面积之和等于斜边上的正方形面积。

事实上,我们可以很容易地证明,这里的"正方形"可以由直角三角形各边上(适当作图得到)的任何相似图形代替。直角三角形各直角边上的两个相似图形的面积之和等于斜边上的那个相似图形的面积,如图3.5 所示。

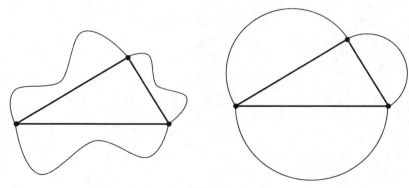

图 3.5

然后,作为特例,可以将毕达哥拉斯定理用半圆(它们当然是相似的)重新表述出来:直角三角形的两条直角边上的两个小半圆面积之和等于斜边上的那个小半圆面积①。

因此，对于图3.6，我们可以说这些半圆的面积关系如下：

$$P \text{ 的面积} = Q \text{ 的面积} + R \text{ 的面积}$$

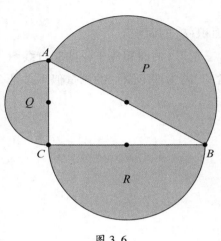

图3.6

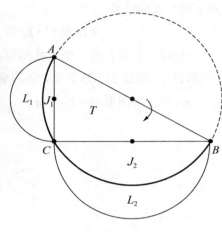

图3.7

假设我们现在将半圆 P 以 AB 为轴翻转到图的其余部分上，如图3.7所示。

现在让我们关注分别由两个半圆所构成的两个新月形。我们将它们标记为新月形 L_1 和 L_2，如图3.8所示。

前面我们已经确定了 P 的面积= Q 的面积+ R 的面积。由图3.8可知，这一关系也可以写成：

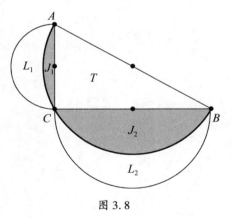

图3.8

————————

① 半圆的面积是 $\frac{1}{8}\pi d^2$，其中 d 是其直径，而对于直角三角形，有 $a^2 + b^2 = c^2$，因此

$$\frac{1}{8}\pi a^2 + \frac{1}{8}\pi b^2 = \frac{1}{8}\pi c^2 。$$ ——原注

J_1 的面积+J_2 的面积+T 的面积

　　$=(L_1$ 的面积+J_1 的面积$)+(L_2$ 的面积+J_2 的面积$)$

　　如果我们从这个等式的两边减去(J_1 的面积+J_2 的面积)，我们会得到下列惊人的结果：

T 的面积=L_1 的面积+L_2 的面积

　　也就是说，我们有一个直线图形(三角形)的面积等于一些非直线图形(新月形)的面积。这是非常不寻常的，因为圆形图形的测量似乎总是包含 π，而直线图形则不涉及 π。

毕达哥拉斯定理引出的一些惊人几何关系

作一个直角三角形的斜边上的高

我们从熟悉的 Rt△ABC 开始,它的一条高为 CD,如图 3.9 所示。我们可以在这里展示毕达哥拉斯定理的一个非常不寻常的扩展,即 $\frac{1}{h^2}=\frac{1}{a^2}+\frac{1}{b^2}$。

为了证明这一等式成立,我们要使用一点代数知识。我们可以将上式右边写成 $\frac{1}{a^2}+\frac{1}{b^2}=\frac{a^2+b^2}{a^2b^2}=\frac{c^2}{a^2b^2}$。

我们可以用两种方式来表示 Rt△ABC 的面积:$\frac{ab}{2}$ 和 $\frac{hc}{2}$。因此,$ab=hc$,即 $\frac{c}{ab}=\frac{1}{h}$。将该式两边取平方得到 $\frac{c^2}{a^2b^2}=\frac{1}{h^2}$。现在将此代入前面的等式,就有

$$\frac{1}{a^2}+\frac{1}{b^2}=\frac{c^2}{a^2b^2}=\frac{1}{h^2}$$

我们就得到 $\frac{1}{a^2}+\frac{1}{b^2}=\frac{1}{h^2}$。

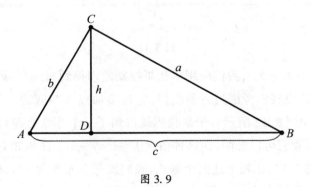

图 3.9

更一般的三角形和它的高

现在,我们考虑一个任意的 △ABC(不一定是直角三角形),它的一条高为 CD,如图 3.10 所示。将毕达哥拉斯定理分别应用于 △ADC 和

$\triangle BDC$，我们就得到 $h^2 = b^2 - p^2$ 和 $h^2 = a^2 - q^2$。因此，$b^2 - p^2 = a^2 - q^2$，即 $b^2 - a^2 = p^2 - q^2$，这对于任意形状的 $\triangle ABC$ 都成立。请注意这一关系的对称性。

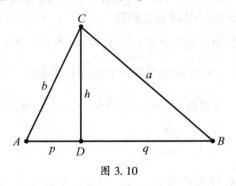

图 3.10

等腰三角形和它的高

现在，让我们考虑**等腰** $\triangle ABC$，它的一条高为 AD，如图 3.11 所示。

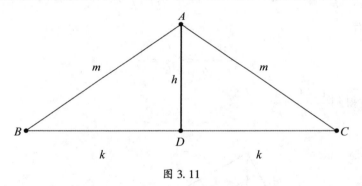

图 3.11

由于 $\angle ADC = 90°$，我们应用毕达哥拉斯定理得到 $m^2 = h^2 + k^2$。这很简单。现在，假设我们考虑另一条线段，它连接顶点 A 与底边上另一点，比如说点 E，如图 3.12 所示。于是我们就得到了一个非常有趣且相当意外的结果——我们可以证明，在这种情况下，$m^2 = j^2 + pq$。证明如下。

利用图 3.12，比较上述两个等式，我们发现当 h 变为 j 时，k^2 被 pq 取代。在我们看到这为何成立（即在我们证明它成立）之前，先来看看当点 E 沿着 BC 向 C 移动，最终与点 C 重合时会发生什么。长度 q 在点 C 处变为 0，这导致乘积 $pq = 0$。于是我们就得到了显而易见的（或者说我们预料之中的）结果，即 $m = j$，或者说 $m^2 = j^2 + 0$。

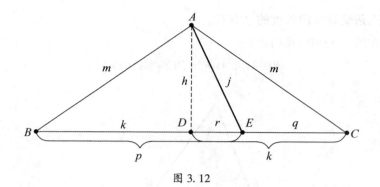

图 3. 12

我们现在的任务是要证明等式 $m^2=j^2+pq$ 成立, 你会发现这是毕达哥拉斯定理的一个直接结果。

$$在 \ \mathrm{Rt}\triangle ADC \ 中, \ m^2=AD^2+DC^2$$

$$在 \ \mathrm{Rt}\triangle ADE \ 中, \ j^2=AD^2+DE^2$$

我们现在将以上两式相减得到

$$m^2-j^2=DC^2-DE^2$$

将上式右边因式分解得到

$$m^2-j^2=(DC-DE)(DC+DE)$$

由于 $BD=DC$, 故有

$$m^2-j^2=(DC-DE)(BD+DE)$$

$$m^2-j^2=pq$$

于是我们就证明了 $m^2=j^2+pq$, 这一等式很好地将从等腰三角形顶点出发的任意内部线段与该等腰三角形的边长联系了起来。

任意三角形的内部一点

由三角形内一点向各边作垂线, 对于由这些垂线的垂足在各边所确定的各线段, 毕达哥拉斯定理给出了一个相当不寻常的关系。这一关系的特别之处在于, 它对任何三角形都成立。如图 3. 13 所示, 我们在一个任意三角形中选择任意一点。图中的 $\triangle ABC$ 内有一点 P。由点 P 分别向边 BC、CA 和 AB 作垂线, 垂足分别为点 D、E 和 F。我们能证明, 无论原三角形的形状如何, 以下结论都成立: 三角形边上交替线段长度的平方和等于另三条交替线段长度的平方和。

在图 3.13 中,我们有

$$BD^2+CE^2+AF^2=DC^2+EA^2+FB^2$$

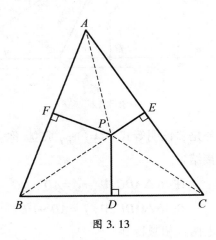

图 3.13

为了理解这一关系为何成立,我们只需对图 3.13 所示的六个直角三角形分别应用毕达哥拉斯定理:

$$对于 \triangle PDB:BD^2+PD^2=PB^2$$

$$对于 \triangle PBF:FB^2+PF^2=PB^2$$

$$因此,BD^2+PD^2=FB^2+PF^2 \qquad (Ⅰ)$$

$$对于 \triangle PDC:DC^2+PD^2=PC^2$$

$$对于 \triangle PEC:CE^2+PE^2=PC^2$$

$$因此,DC^2+PD^2=CE^2+PE^2 \qquad (Ⅱ)$$

$$对于 \triangle AEP:EA^2+PE^2=PA^2$$

$$对于 \triangle AFP:AF^2+PF^2=PA^2$$

$$因此,EA^2+PE^2=AF^2+PF^2 \qquad (Ⅲ)$$

用(Ⅰ)式减去(Ⅱ)式,我们就得到

$$BD^2-DC^2=FB^2+PF^2-CE^2-PE^2 \qquad (Ⅳ)$$

同时我们可以将(Ⅲ)式改写为

$$EA^2=AF^2+PF^2-PE^2$$

用（Ⅳ）式减去上式得到

$$BD^2 - DC^2 - EA^2 = FB^2 - CE^2 - AF^2$$

即

$$BD^2 + CE^2 + AF^2 = DC^2 + EA^2 + FB^2$$

这正是我们一开始要证明的。

同样，这一关系之所以如此不寻常，是因为它适用于**任何**三角形。你可能想看看当我们对三角形**外**一点 P（如图 3.14 所示）重复此操作时会发生什么。

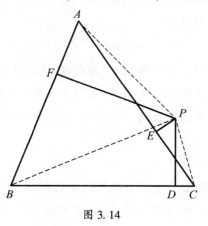

图 3.14

矩形内部任意一点

这一次，我们会在一个矩形中随机选择一点，并展示从这个随机选择的点到该矩形各顶点的距离之间的一个相当有趣的关系。在图 3.15 中，我们有一个矩形，其中有一个随机选择的点 P。连接这一点到矩形四个顶点的线段。为了方便起见，我们在图中标记了各线段的长度。

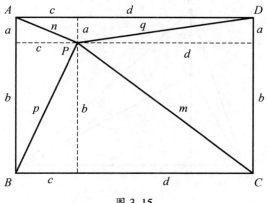

图 3.15

由在图 3.15 中的各直角三角形,我们得到下列符合毕达哥拉斯定理的关系:

$$n^2 = a^2 + c^2$$
$$m^2 = b^2 + d^2$$
$$p^2 = b^2 + c^2$$
$$q^2 = a^2 + d^2$$

从这四个等式可以得出

$$m^2 + n^2 = a^2 + b^2 + c^2 + d^2 = p^2 + q^2$$

这一关系之所以如此有趣,是因为它对矩形中选择的任意点都成立。当然,如果点 P 在该矩形的对角线交点上,那么这种情况肯定是正确的——或者也可以说是明显的。你可以自行探索如果点 P 在矩形之外,这一关系式是否也成立。

三角形高上的一点

当我们考虑"随机三角形",即可以是任何形状的三角形时,我们还能找到其他一些令人惊讶的关系,这也要归功于毕达哥拉斯定理。我们将考虑任意 $\triangle ABC$,其中 E 是高 AD 上的任意一点(见图 3.16)。我们可以证明 $AC^2 - CE^2 = AB^2 - EB^2$。请注意,当我们说点 E 在高 AD 上的任意位置时,它也可能位于端点 A 或 D。如果是这种情况,那么这种关系就变得明显了。因为如果 E 与 A 重合,那么 $AC = EC$,$AB = EB$。如果 E 与 D 重合,那么毕达哥拉斯定理告诉我们 $AC^2 - CE^2 = AD^2 = AB^2 - EB^2$。

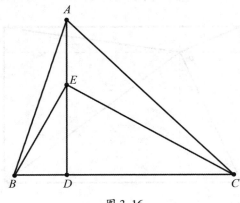

图 3.16

只要简单地应用几次毕达哥拉斯定理,就能为位于 A 和 D 之间的点的这种有趣的关系提供一个简单的证明。

为了证明 A 和 D 之间的点 E 满足 $AC^2 - CE^2 = AB^2 - EB^2$,我们应用毕达哥拉斯定理如下

对于 $\triangle ADC$:$CD^2 + AD^2 = AC^2$

对于 $\triangle EDC$:$CD^2 + ED^2 = CE^2$

将以上两式相减得到 $AD^2 - ED^2 = AC^2 - CE^2$　　　　（Ⅰ）

再次应用毕达哥拉斯定理,我们得到

对于 $\triangle ADB$:$DB^2 + AD^2 = AB^2$

对于 $\triangle EDB$:$DB^2 + ED^2 = EB^2$

将以上两式相减得到 $AD^2 - ED^2 = AB^2 - EB^2$　　　　（Ⅱ）

于是由（Ⅰ）式和（Ⅱ）式就可得出我们想要的结果:$AC^2 - CE^2 = AB^2 - EB^2$。请注意这里的对称性,这可能最好用文字来描述,而不仅仅用符号。假设 $\angle B$ 是一个钝角。那么高 AD 就会在三角形之外。你可尝试论证这种关系对于一个钝角三角形是否成立。

直角三角形直角边上的点

如果我们取一个任意直角三角形 ABC,在它的两条直角边上分别选择两个点 P 和 Q,并用线段连接这两个点,如图 3.17 所示。这样就可以建立由毕达哥拉斯定理给出的另一个美妙的关系。这个关系是

$$BQ^2 + PC^2 = BC^2 + PQ^2$$

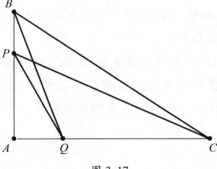

图 3.17

这一关系可以由毕达哥拉斯定理直接加以证明。

对 $\triangle ABQ$ 应用毕达哥拉斯定理：

$$BQ^2 = AQ^2 + AB^2$$

对 $\triangle APC$ 应用毕达哥拉斯定理：

$$PC^2 = PA^2 + AC^2$$

将以上两式相加得

$$BQ^2 + PC^2 = (AQ^2 + PA^2) + (AB^2 + AC^2) \qquad (\ast)$$

再次应用毕达哥拉斯定理，但这次是对 $\triangle PAQ$ 和 $\triangle ABC$：

$$AQ^2 + PA^2 = PQ^2, AB^2 + AC^2 = BC^2$$

然后将以上两式代入（ $\ast$ ）等式，我们就得到了想要的结果：

$$BQ^2 + PC^2 = BC^2 + PQ^2$$

请再看一眼这个优雅的关系，将它珍藏，并用文字概括这一关系。

从这个图中还可以构造出其他有趣的关系。如果我们回到（ $\ast$ ）式，只替换 $AB^2 + AC^2 = BC^2$，我们会得到

$$BQ^2 + PC^2 = (AQ^2 + PA^2) + BC^2$$

$$BQ^2 - AQ^2 + PC^2 - PA^2 = BC^2$$

这也是一个相当美妙的关系，仅仅用毕达哥拉斯定理即可得。

中线和直角三角形

直角三角形斜边上的中线①有一个非常特殊的性质：它的长度是斜边的一半（关于这一性质的证明可以在附录 A 中找到）。利用这一性质和毕达哥拉斯定理，我们可以建立另一个有趣的三角形关系：一个直角三角形三边长的平方和等于斜边上的中线的平方的 8 倍。在图 3.18 中，表现为 $AC^2 + BC^2 + AB^2 = 8CD^2$。

这一点很容易证明，同样只要对 Rt$\triangle ABC$ 应用毕达哥拉斯定理：$AC^2 + BC^2 = AB^2$。从上述斜边与斜边上的中线之间的关系，我们得到 $AB = 2CD$。因此，$AB^2 = 4CD^2$。将这些等式相加及代换，很容易得出我们要求的结论：

---

① 三角形的中线是连接一个顶点和对边中点的线段。——原注

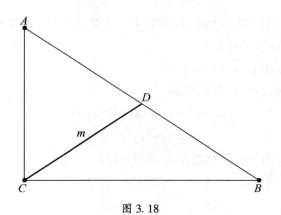

图 3.18

$$AC^2+BC^2=AB^2$$
$$AC^2+BC^2+AB^2=AB^2+4CD^2$$
$$AC^2+BC^2+AB^2=4CD^2+4CD^2$$
$$AC^2+BC^2+AB^2=8CD^2$$

你可能会发现这一关系的另一种变化形式也很有趣,即直角三角形的两条直角边的平方和等于斜边上的中线的平方的 4 倍,即 $AC^2+BC^2=4CD^2$。这是通过在由毕达哥拉斯定理得出的 $AC^2+BC^2=AB^2$ 中代入上面的关系 $AB^2=4CD^2$ 得到的。

直角三角形直角边上的中线

另一个可以直接由毕达哥拉斯定理得出的巧妙关系是,对于任何直角三角形,其两条直角边上的两条中线的平方和的 4 倍等于该三角形斜边平方的 5 倍。在图 3.19 中的两条中线长度为 m 和 n,上述关系表示为 $4(m^2+n^2)=5c^2$,其中 c 是 $\triangle ABC$ 的斜边长。

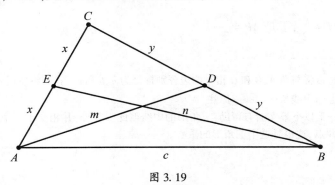

图 3.19

在这里,我们对 $\triangle ADC$、$\triangle BEC$ 和 $\triangle ABC$ 应用毕达哥拉斯定理,从 $\triangle ADC$ 开始:$m^2 = y^2 + (2x)^2$。

然后对 $\triangle BEC$:$n^2 = x^2 + (2y)^2$。

将以上两式相加,我们得到

$$m^2 + n^2 = x^2 + y^2 + (2x)^2 + (2y)^2$$
$$= 5(x^2 + y^2) \qquad (\text{I})$$

而对 $\triangle ABC$ 应用毕达哥拉斯定理,我们得到

$$c^2 = (2x)^2 + (2y)^2 = 4(x^2 + y^2)$$

这可以改写为 $\qquad \dfrac{c^2}{4} = x^2 + y^2 \qquad (\text{II})$

将(II)式代入(I)式,我们得到

$$m^2 + n^2 = 5\left(\dfrac{c^2}{4}\right) = \dfrac{5}{4}c^2$$

将两边都乘 4,我们就得到了一开始要证明的关系:$4(m^2 + n^2) = 5c^2$。

任意三角形中线与边之间的关系

当我们应用毕达哥拉斯定理时,会出现许多奇妙的关系。其中有一个相当令人惊叹的关系是,任何一个三角形各边的平方和的 $\dfrac{3}{4}$ 等于该三角形的各中线的平方和。即,$\dfrac{3}{4}(a^2 + b^2 + c^2) = m_a{}^2 + m_b{}^2 + m_c{}^2$①(见图 3.20)。

为了证明这对所有三角形都成立,我们首先"随机作出"$\triangle ABC$,其中线②为 AE、BD 和 CF,三条中线相交于点 G。然后我们作 GP 垂直于 AB,如图 3.20 所示。方便起见,我们设 $GP = h$,$PF = k$。由于 F 是 AB 的中点,我们有 $AF = \dfrac{c}{2}$,于是 $AP = \dfrac{c}{2} - k$。

―――――――――

① 我们通常将与角 A、B 和 C 相对的边分别标记为 a、b 和 c。我们将使用 m_c 来表示边 c 上的中线长度。——原注

② 回忆一下以下事实会有帮助:三角形的中线彼此三等分,并相交于一个称为**质心**的公共点,这也是这个三角形的重心。——原注

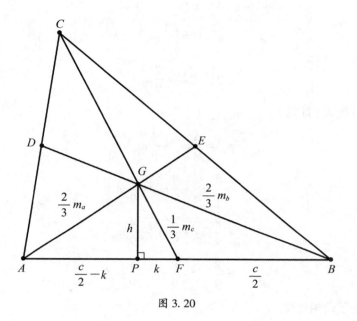

图 3.20

现在,我们利用 $AG=\dfrac{2}{3}AE$ 这一事实,对 $\triangle AGP$ 应用毕达哥拉斯定理

$$h^2+\left(\frac{c}{2}-k\right)^2=\left(\frac{2}{3}m_a\right)^2$$

即
$$h^2+\frac{c^2}{4}-ck+k^2=\frac{4}{9}m_a{}^2 \qquad (\text{I})$$

对 $\triangle BGP$ 应用毕达哥拉斯定理

$$h^2+\left(\frac{c}{2}+k\right)^2=\left(\frac{2}{3}m_b\right)^2$$

即
$$h^2+\frac{c^2}{4}+ck+k^2=\frac{4}{9}m_b{}^2 \qquad (\text{II})$$

将(I)和(II)相加,得到

$$2h^2+\frac{2c^2}{4}+2k^2=\frac{4}{9}m_a{}^2+\frac{4}{9}m_b{}^2$$

即
$$2h^2+2k^2=\frac{4}{9}m_a{}^2+\frac{4}{9}m_b{}^2-\frac{c^2}{2} \qquad (\text{III})$$

而在 $\triangle FGP$ 中,毕达哥拉斯定理给出

$$h^2 + k^2 = \left(\frac{1}{3}m_c\right)^2$$

因此，
$$2h^2 + 2k^2 = \frac{2}{9}m_c^{\ 2} \qquad\qquad\qquad (\text{Ⅳ})$$

将(Ⅳ)代入(Ⅲ)得

$$\frac{2}{9}m_c^{\ 2} = \frac{4}{9}m_a^{\ 2} + \frac{4}{9}m_b^{\ 2} - \frac{c^2}{2}$$

因此，
$$c^2 = \frac{8}{9}m_a^{\ 2} + \frac{8}{9}m_b^{\ 2} - \frac{4}{9}m_c^{\ 2}$$

同理，
$$b^2 = \frac{8}{9}m_a^{\ 2} + \frac{8}{9}m_c^{\ 2} - \frac{4}{9}m_b^{\ 2}$$

$$a^2 = \frac{8}{9}m_b^{\ 2} + \frac{8}{9}m_c^{\ 2} - \frac{4}{9}m_a^{\ 2}$$

将以上三式相加得

$$a^2 + b^2 + c^2 = \frac{4}{3}(m_a^{\ 2} + m_b^{\ 2} + m_c^{\ 2}) \quad 即 \quad \frac{3}{4}(a^2 + b^2 + c^2) = m_a^{\ 2} + m_b^{\ 2} + m_c^{\ 2}$$

这就是我们一开始要建立的关系。

关于直角三角形中线的另一个关系

如果在图 3.21 中，AE 和 BF 分别是 Rt$\triangle ABC$ 中的两条直角边上的中线，那么 $\dfrac{AE^2 + BF^2}{AB^2}$ 就会有一个有趣的值。我们借助毕达哥拉斯定理确定这个值。

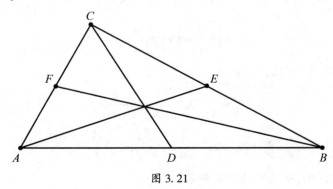

图 3.21

我们在上一个关系中确定了三角形各中线的平方和等于各边的平方和的 $\frac{3}{4}$，在这个三角形中，即

$$AE^2+BF^2+CD^2=\frac{3}{4}(AC^2+CB^2+AB^2) \qquad (\mathrm{I})$$

根据毕达哥拉斯定理： $AC^2+CB^2=AB^2 \qquad\qquad (\mathrm{II})$

此外， $CD=\frac{1}{2}AB \qquad\qquad\qquad (\mathrm{III})$

将（Ⅱ）式和（Ⅲ）式代入（Ⅰ）式，我们就得到

$$AE^2+BF^2+\left(\frac{1}{2}AB\right)^2=\frac{3}{4}(AB^2+AB^2)$$

即

$$AE^2+BF^2=\frac{3}{2}AB^2-\frac{1}{4}AB^2=\frac{5}{4}AB^2$$

因此

$$\frac{AE^2+BF^2}{AB^2}=\frac{5}{4}$$

这是一个相当令人惊讶的结果，因为我们开始探究这一关系时，并没有给出任何单位。而最后我们可得出，两条中线的平方和 AE^2+BF^2 与斜边的平方 AB^2 之比等于 5 比 4。这可以在图 3.22 中直观地看到，其中（直角边上的）中线构成两个正方形（$AELK$ 和 $BFGH$）的面积之和等于斜边上的正方形（$ABNM$）的面积的 $\frac{5}{4}$。

毕达哥拉斯定理经典图形带来的一些惊奇

如图 3.23 是毕达哥拉斯定理的经典图解。

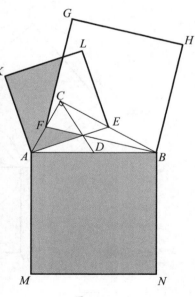

图 3.22

正方形 *ADJC* 和 *BFEA* 的外接
圆①相切于 Rt△*ABC* 的外接圆上的
点 *A*。换一种说法,我们可以得出
结论,直角三角形两条直角边上的
两个正方形的外接圆与以第三边
(即斜边)为直径的圆有一个交点。
这并不太令人惊讶,但如果我们将
其改为更一般的情况,也就是说,不
再考虑直角三角形,而是考虑任意
三角形,那么我们就会得到一些非
常惊人的结果。

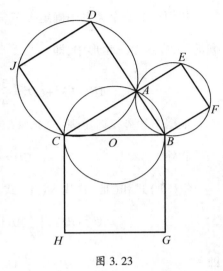

图 3.23

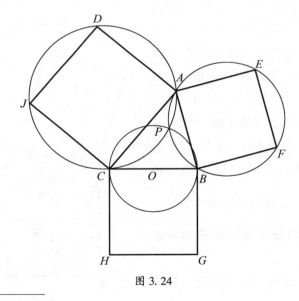

　　不同于图 3.23 所示的直角三
角形,我们会从一个任意三角形 *ABC* 开始,然后在边 *AB* 和边 *AC* 上分别
作正方形,如图 3.24 所示。这两个正方形的外接圆还相交于除点 *A* 以外

图 3.24

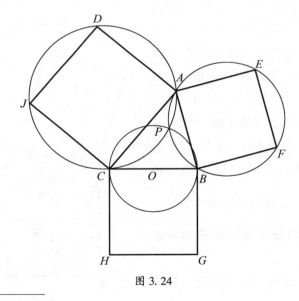

---

①　如果一个多边形的所有顶点都在同一个圆上,那么这个圆就是该多边形的**外接
圆**。——原注

的点 P。当我们以 BC 为直径作圆时,会发现它也经过点 P。点 P 的位置(在 $\triangle ABC$ 内部或外部)取决于 $\angle BAC$ 的大小。关于它的位置,你会如何猜想?不用说,这非常令人惊讶,同时也不容易发现。

如果我们检视毕达哥拉斯定理的那个现在已经很著名的图形证明,如图 3.25 所示,我们在此图中添加线段 MQ、NP 和 RS,如图 3.26 所示。此时我们可以应用毕达哥拉斯定理的一个很好的扩展:这三条线段的平方和等于原直角三角形的三边平方和的 3 倍[①],即

$$MQ^2 + NP^2 + RS^2 = 3(AB^2 + BC^2 + AC^2)$$

(这一关系的证明请见附录 A。)

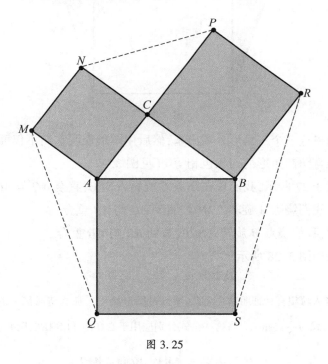

图 3.25

如图 3.26 所示,在各正方形之间构成了三个三角形,它们是 $\triangle AMQ$、$\triangle BRS$ 和 $\triangle NCP$。

---

① 不一定要直角三角形,这对于任何 $\triangle ABC$ 都成立(见附录 A)。——原注

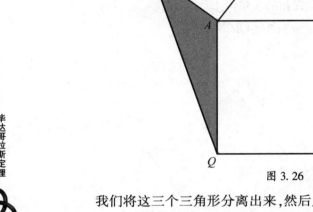

图 3.26

我们将这三个三角形分离出来,然后用图形表明它们不仅面积相等,而且与原直角三角形的面积也相等①(见图 3.27)。

如图 3.27 所示,我们现在绕点 C 旋转 $\triangle NPC$,直至 NC 与 AC 重合。

然后我们绕点 A 旋转 $\triangle MQA$,直到 AQ 与 AB 重合。

最后,我们绕点 B 旋转 $\triangle SRB$,直到 RB 与 CB 重合。

结果如图 3.28 所示。

----

① 如果有人希望直接证明这一关系(不通过图形操作),那么请回忆一下三角形的
面积公式为 $\dfrac{1}{2}ab\sin C$。将这一公式分别应用于 $\triangle MAQ$ 和 $\triangle ABC$,则有:

$$S_{\triangle MAQ} = \frac{1}{2}MA \cdot AQ\sin\angle MAQ$$

$$S_{\triangle ABC} = \frac{1}{2}AC \cdot AB\sin\angle BAC$$

由 $\angle BAC = 180° - \angle MAQ$,得 $\sin\angle MAQ = \sin\angle BAC$。

此外,$MA = AC$,$AQ = AB$。

因此,$\triangle MAQ$ 和 $\triangle ABC$ 的面积相等。——原注

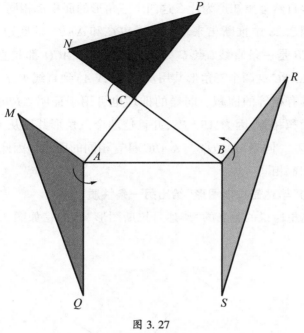

图 3.27

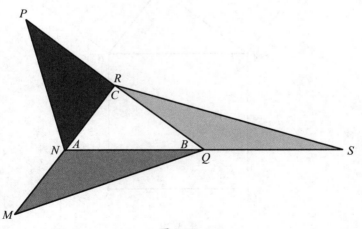

图 3.28

我们很自然会想知道为什么这四个三角形的面积都相同。这可以很容易地从图 3.28 中推断出来。由于 △NPC 和 △ABC 的底边相等（PC = BC），而 PCB 是一条直线（点 C 处的 ∠PCN 和 ∠ACQ 都是直角），并且 △NPC 和 △ABC 这两个三角形共用从点 N（或 A）到直线 PCB 的高，因此它们必定具有相等的面积。同样的推理也可用于证明 △RSB 的面积与 △ABC 的面积相等，因为 AB = BS，并且这两个三角形共用从 C（或 R）到直线 NS 的高。同理，△MQA 与 △ABC 具有相同的面积。因此，这四个三角形的面积都相同。

著名的"毕达哥拉斯图形"给出另一条性质

我们这里所说的著名的"毕达哥拉斯图形"指的是如图 3.29 所示的图形。

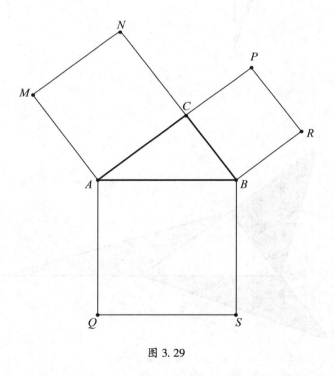

图 3.29

这一次我们只关注 Rt△ABC 各边上的三个正方形的三个中心 K、L、U，如图 3.30 所示。

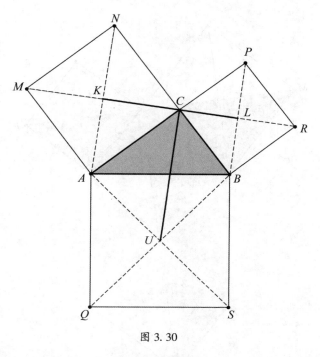

图 3. 30

我们断言,连接这些中心的两条内部线段长度相等,并且彼此垂直,即 $KL=CU$,且 $KL \perp CU$。为了证明这个断言,我们将回到第 2 章(图形证明 7)中用于证明毕达哥拉斯定理的那个图形(图 2. 15)。我们在这里再次给出该图(图 3. 31),并添加了一些线段,重点关注两个四边形(MABR 和 CAQT),它们将是我们演示过程的关键。

我们可以证明两个阴影四边形(MABR 和 CAQT)是全等的。因此 $\angle ACT = \angle AMR = 45°$。我们还知道 $\angle ACM = 45°$,因此 $\angle MCT = 90°$,这样就完成了本证明重要的 $KL \perp CU$ 的部分。回到这两个全等的四边形,我们可以看出 $MR=CT$。由于 KC 和 CL 分别是构成 MR 的两条线段 MC 和 CR 的一半,我们可以推出 $KL=\dfrac{1}{2}MR$。根据明显的对称性,我们还可以推出 $CU=\dfrac{1}{2}CT$。因此,$KL=CU$ 得证。这是一个相当令人惊讶的结果,因为它适用于一切形状的直角三角形!

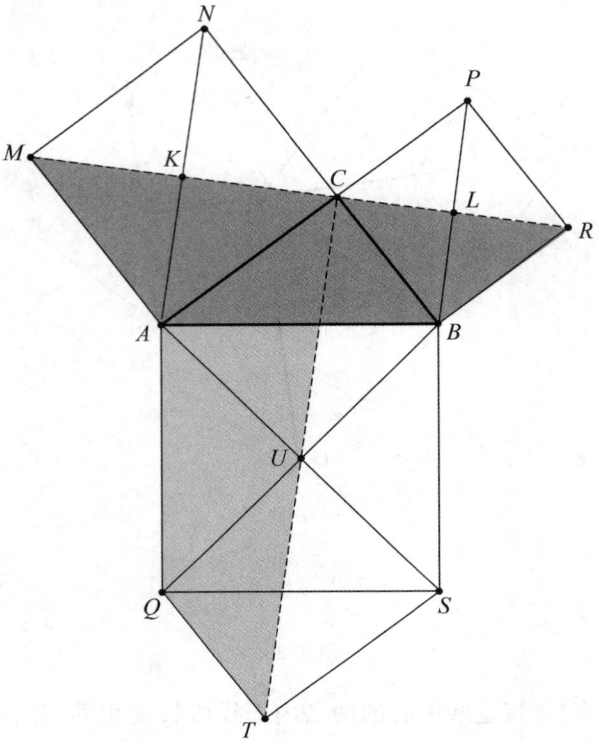

图 3.31

矩形上的毕达哥拉斯定理

毕达哥拉斯定理的另一个扩展可以在图 3.32 所示的矩形中说明。对于矩形 $ABCD$，$m^2+n^2=a^2+b^2+c^2+d^2$。这就是说，矩形的两条对角线的平方和等于其各边的平方和。我们可以对 $\triangle ABC$ 和 $\triangle ABD$ 分别应用毕达哥拉斯定理，以此证明这一说法。

$$对于 \triangle ABD : n^2=c^2+b^2$$

$$对于 \triangle ABC : m^2=c^2+d^2$$

因此，只要认识到 $c=a$，并将这两个等式相加，我们就立即得到了想要的结果：

$$m^2+n^2=a^2+b^2+c^2+d^2$$

如果把这个矩形拉伸成一个平行四边形，令我们惊讶的是，因为 a，

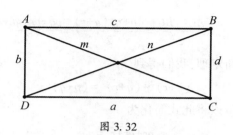

图 3.32

b,c,d,m,n 都保持不变,所以这一关系仍然成立,尽管我们此时不能应用毕达哥拉斯定理。

也就是说,对于图 3.33 中的平行四边形,$m^2+n^2=a^2+b^2+c^2+d^2$ 这一关系仍然成立(证明见附录 A)。

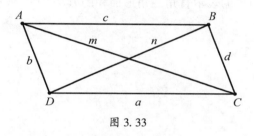

图 3.33

毕达哥拉斯定理为直角三角形的面积提供的另一个公式

在一个直角三角形中作它的内切圆,如图 3.34 所示。我们将通过一些简单的代数知识和毕达哥拉斯定理证明,这个三角形的面积就等于斜边上两条线段的乘积。也就是说,Rt$\triangle ABC$ 的面积等于 pq。

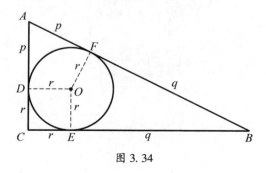

图 3.34

$$S_{\triangle ABC} = \frac{AC \cdot BC}{2} = \frac{(p+r)(q+r)}{2} = \frac{pq+pr+qr+r^2}{2}$$

而根据毕达哥拉斯定理，我们得到

$$(p+r)^2 + (q+r)^2 = (p+q)^2$$

用简单的代数就可以将此式简化为

$$pr+qr+r^2 = pq$$

而前一种直角三角形面积表达式的分子中的最后三项加起来就是 pq。因此

$$S_{\triangle ABC} = \frac{2pq}{2} = pq$$

这是一种相当简单的表示直角三角形面积的方法。

三维空间的毕达哥拉斯定理

线性扩展

我们现在考虑三维空间中的一个长方体,并对其应用毕达哥拉斯定理,可以得到一个有趣的类似关系:$a^2+b^2+c^2=d^2$(见图3.35)。

在图3.35中,我们展示了一个长方体,在其中我们可以两次应用毕达哥拉斯定理。

$$\text{对于 } Rt\triangle HGF:b^2+c^2=e^2$$

$$\text{对于 } Rt\triangle BFH:a^2+e^2=d^2$$

将第一式中的 e^2 代入第二式,我们得就到 $a^2+b^2+c^2=d^2$。

毕达哥拉斯定理的面积类似关系

进一步研究长方体,我们可以对其各部分的面积加以比较,每一次你都会看到,不仅毕达哥拉斯定理得到应用,还会得到一个有趣的类似关系。

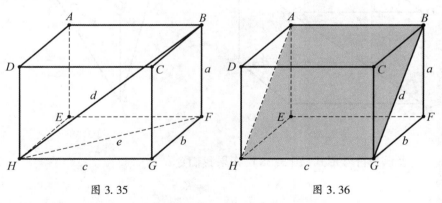

图3.35   图3.36

考虑图3.36所示的长方体。矩形 $ABGH$(阴影部分)的面积的平方等于矩形 $HEFG$(底面)的面积的平方和矩形 $ABFE$(后面)的面积的平方之和。这很容易证明。$S_{ABGH}=cd$。而应用毕达哥拉斯定理可得 $d=\sqrt{a^2+b^2}$。$S_{ABGH}=c\sqrt{a^2+b^2}$。

因此,$S_{ABGH}^2=c^2(a^2+b^2)=c^2a^2+c^2b^2$。

于是我们得到

$$S^2_{ABGH} = S^2_{ABFE} + S^2_{HEFG}$$

请注意对于棱柱成立的毕达哥拉斯定理的类似关系。

对于长方体的更多类似关系

现在我们比较图 3.37 所示的这个长方体上的各三角形的面积。然后,我们会切下它的一个角,考虑这个四面体 *ACHD*。

我们将四面体 *ACHD*(即从图 3.37 中的长方体一角切下来的那个有四个面的立体形)分离出来,如图 3.38 所示。

现在,我们将带你经历一次简单的代数之旅,得出一个惊人的结果:这个四面体的三个直角三角形的面积平方和等于该四面体的第四个面的面积的平方。

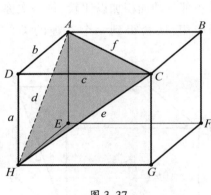

图 3.37

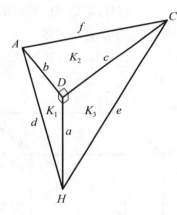

图 3.38

表示为符号形式(图 3.38),如果我们令

$$S_{\triangle ADH} = K_1$$

$$S_{\triangle ADC} = K_2$$

$$S_{\triangle CDH} = K_3$$

$$S_{\triangle ACH} = K$$

我们将证明 $K_1{}^2 + K_2{}^2 + K_3{}^2 = K^2$。我们实际上把直角三角形面的面积($K_1$, K_2, K_3)当作此四面体的三条"直角边",而将另一个三角形面的面积(K)当作它的斜边。

在这里涉猎一点点代数——一些简单的初等代数。我们首先注意到

$$K_1 = \frac{1}{2}ab$$

$$K_2 = \frac{1}{2}bc$$

$$K_3 = \frac{1}{2}ac$$

为了确定该四面体第四面 $\triangle ACH$ 的面积，我们将使用海伦公式（见第 45 页）。对 $\triangle ACH$ 应用此公式，结果如下：

$$K = \sqrt{s(s-d)(s-e)(s-f)}$$

其中半周长 s 为 $\frac{1}{2}(d+e+f)$。

对最后一个等式的两边取平方并替换 s，我们得到

$$K^2 = \frac{1}{16}(d+e+f)(-d+e+f)(d-e+f)(d+e-f)$$

通过一些代数运算，我们可以把上式改写成

$$K^2 = \frac{1}{16}\left[(d^2+e^2+f^2)^2-2(d^4+e^4+f^4)\right]$$

我们对图 3.38 中的三个三角形应用毕达哥拉斯定理，得到

$$d^2 = a^2+b^2$$

$$e^2 = a^2+c^2$$

$$f^2 = b^2+c^2$$

将以上各个毕达哥拉斯定理等式直接相加，得到

$$d^2+e^2+f^2 = 2(a^2+b^2+c^2)$$

将上面的各个毕达哥拉斯定理等式的平方相加，得到

$$d^4+e^4+f^4 = 2(a^4+b^4+c^4)+2(a^2b^2+b^2c^2+a^2c^2)$$

将它们恰当地代入海伦公式的改写形式

$$K^2 = \frac{1}{16}\left[(d^2+e^2+f^2)^2-2(d^4+e^4+f^4)\right]$$

我们就得到了一个看起来很复杂的表达式（不用担心，它会得到简化）：

$$K^2 = \frac{1}{16}\left\{\left[\,2(a^2+b^2+c^2)\,\right]^2 - 2\left[\,2(a^4+b^4+c^4)+2(a^2b^2+b^2c^2+a^2c^2)\,\right]\right\}$$

$$K^2 = \frac{1}{4}(a^2b^2+b^2c^2+a^2c^2)$$

我们只差一步就要完成这个代数"练习"了——只需要将上式中的各项替换为它们的面积表达式

$$K_1 = \frac{1}{2}ab,\ K_2 = \frac{1}{2}bc,\ K_3 = \frac{1}{2}ac$$

这就是我们在这一推导过程开始时所确立的目标。我们得到了 $K^2 = K_1{}^2+K_2{}^2+K_3{}^2$，证明完成了。

对于这个四面体，我们还有一个意外收获，即我们还可以做一个额外的断言：这个四面体体积的平方等于其中三个直角三角形的面积的乘积的 $\frac{2}{9}$。用符号可表示为：$V^2 = \frac{2}{9}K_1K_2K_3$①。

感兴趣的读者会在这个三维图形中发现更多的类似关系②。

具有正整数边长和正整数对角线的长方体？

毕达哥拉斯定理已经扩展到长方体，其形式为 $a^2+b^2+c^2 = g^2$。那么问题是：能否构造一个长方体，使其三条边（长、宽和高）的长度都是正整数，而任意两个顶点之间的距离也是正整数（见图 3.39）？

---

① 这一关系的证明如下：已知 $S_{\triangle ADH} = K_1 = \frac{1}{2}ab$

$$S_{\triangle ADC} = K_2 = \frac{1}{2}bc$$

$$S_{\triangle CDH} = K_3 = \frac{1}{2}ac$$

由 $\qquad V = \frac{1}{3}CD \cdot S_{\triangle ADH} = \frac{1}{3}c \cdot \frac{1}{2}ab = \frac{1}{3}cK_1$

$$V = \frac{1}{3}DH \cdot S_{\triangle ADC} = \frac{1}{3}a \cdot \frac{1}{2}cb = \frac{1}{3}aK_2$$

$$V = \frac{1}{3}AD \cdot S_{\triangle CDH} = \frac{1}{3}b \cdot \frac{1}{2}ac = \frac{1}{3}bK_3$$

有 $abc = 6V$，以及 $V^3 = \frac{1}{27}abc \cdot K_1K_2K_3$。所以最后有 $V^2 = \frac{2}{9}K_1K_2K_3$。——译注

② 参见 A. S. Posamentier and L. R. Ptton, "Enhancing Plane Euclidean Geometry with Three-Dimensional Analogs," *Mathematics Teacher* 102, no. 5 (December 2008/January 2009): 394-98。——原注

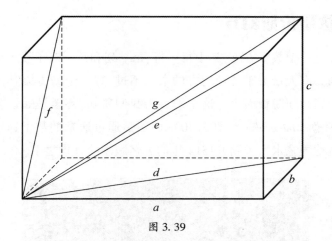

图 3. 39

为了探究这个问题,我们必须证明应用毕达哥拉斯定理得出的以下每个方程都能够只用正整数求解:

$$a^2+b^2=d^2$$
$$a^2+c^2=e^2$$
$$b^2+c^2=f^2$$
$$a^2+b^2+c^2=g^2$$

多产的瑞士数学家欧拉①几乎找到了这个问题的解答,他得到的值如下:$a=240$, $b=44$, $c=117$, $d=244$, $e=267$, $f=125$。不过,他的努力未能完全解决这个问题,因为这些方程中的最后一个($a^2+b^2+c^2=g^2$)不能得到整数解,$g \approx 270.60$。直到 2000 年,瑞士数学教师卢蒂才证明,这样一个所有顶点之间的间距都是正整数的长方体是不可能存在的。正如数学中经常发生的那样,一个问题几百年来一直没有解决,直到最近才得到了解决。

---

① 欧拉(Leonhard Euler),瑞士数学家和物理家,近代数学先驱之一,对微积分和图论等多个领域都有重大贡献。——译注

毕达哥拉斯幻方

幻方是一个数字方阵,其中每一行、每一列和每一对角线上的各数之和都相同。有大量关于各种幻方的书。不过,有一个幻方因其美丽和一些额外的属性而脱颖而出。这个幻方为我们所知,甚至是通过艺术作品《忧郁之一》(*Melencolia I*,图 3.40),而不是通过通常的数学途径。它出现在著名德国艺术家丢勒① 1514 年的著名版画的背景之中。

图 3.40

---

① 丢勒(Albrecht Dürer),文艺复兴时期德国油画家、版画家、雕塑家及艺术理论家。——译注

丢勒的大多数作品都是用他的名字首字母署名的,其中 A 叠在 D 的上面,作品的创作年份也包含在其中。我们在这幅图右上角的阴影区域找到了这个幻方。我们这个作品是在 1514 年创作的。观察力强的读者可能会注意到,这个幻方最下面一行的两个中心单元格也暗示了年份。让我们来更仔细地看看这个幻方(图 3.41)。

16	3	2	13
5	10	11	8
9	6	7	12
4	15	14	1

图 3.41

我们可以看到其中每一行和每一列的数字之和都是 34。因此,这个数字方阵具有被认为是一个“幻方”所需要的一切。然而,这个“丢勒幻方”还有许多其他幻方所没有的特性。看看你能不能发现其中的一些[1]。

卢米斯(Elisha S. Loomis)没有忽视毕达哥拉斯定理与幻方之间的联系。他自己构造出一些幻方,它们可以与毕达哥拉斯定理联系起来。考虑图 3.42 所示的三个幻方,幻方 I 的每一行或每一列的和都是 147,幻方 II 的每一行或每一列的和都是 46,幻方 III 的每一列或每一行的和都是 125。

15	16	33	30	31
37	22	27	26	13
36	29	25	21	14
18	24	23	28	32
19	34	17	20	35

4	18	17	7
15	9	10	12
11	13	14	8
16	6	5	19

48	53	46
47	49	51
52	45	50

I　　　　　II　　　　　III

图 3.42

请注意,每个幻方中所有单元格的总和分别为

幻方 I:单元格总和 = 3×147 = 441

幻方 II:单元格总和 = 4×46 = 184

幻方 III:单元格总和 = 5×125 = 625

幻方 I +幻方 II = 441+184 = 625,而这就是幻方 III 的单元格总和。

此外,假设所有单元格的大小相同,那么幻方 I 和幻方 II 的面积之和

① 关于丢勒幻方,还可参见《数学奇观——让数学之美带给你灵感与启发》,涂泓译、冯承天译校,上海科技教育出版社,2015。——译注

就等于幻方Ⅲ的面积(9+16＝25)。

※※※

　　毕达哥拉斯定理在几何领域的应用实际上是无限的。我们提供了一些二维和三维的精彩应用(以及一些有趣的想法)。你可能希望将这里提供的这些应用扩展一下,或者也可以去搜索其他应用。唯一的限制是你的想象力。

第4章 毕达哥拉斯三元组及其性质

我们发现有些正整数可以表示直角三角形的三条边。可以表示直角三角形边长的一些比较常见的三个正整数数组是$(3,4,5)$、$(5,12,13)$、$(7,24,25)$。也就是说,这些三元组满足毕达哥拉斯关系 $a^2+b^2=c^2$。我们将满足毕达哥拉斯定理的三个数的有序数组(a,b,c)称为**毕达哥拉斯三元组**(Pythagorean triple)。在本章中,我们想解决的问题有:有多少这样的三元组? 有没有一种通用的方法可以找到这些三元组,而不需要去尝试各种三个数字的组合? 毕达哥拉斯三元组有哪些特性①?

---

① 关于同余类理论与毕达哥拉斯三元组的四条性质,请参见译者撰写的附录 E。——译注

毕达哥拉斯三元组的倍数

(3,4,5)是最简单的毕达哥拉斯三元组。假设我们考虑这个三元组的倍数,例如(6,8,10)或(15,20,25)。这些也是毕达哥拉斯三元组吗?

由于 $6^2+8^2=36+64=100=10^2$ 和 $15^2+20^2=225+400=625=25^2$,我们可以看到毕达哥拉斯三元组的倍数似乎会生成其他毕达哥拉斯三元组。我们用代数方法可以很容易地如下证明这个猜想。

假设我们考虑毕达哥拉斯三元组(3,4,5),并设(3n,4n,5n)是前一个三元组的任意倍数,其中 n 是一个正整数。我们现在需要验证(3n,4n,5n)也是毕达哥拉斯三元组。我们可以这样做:

$$(3n)^2+(4n)^2=9n^2+16n^2=(9+16)n^2=25n^2=(5n)^2$$

这就验证了(3n,4n,5n)也是一个毕达哥拉斯三元组。这使我们能得出这样的结论:(3,4,5)有无限多个倍数形式,它们都是毕达哥拉斯三元组。

不过,证实了有无限多个毕达哥拉斯三元组,并不能穷尽全部情况,因为到此我们所生成的所有毕达哥拉斯三元组都是(3,4,5)的倍数。然而,我们知道还有其他的毕达哥拉斯三元组不是这个三元组的倍数,例如(5,12,13),(8,15,17)和(7,24,25),而这仅是其中几例。对于这些三元组,它们的三个数都没有公因数(除了1),或者我们可以说它们的三个成员都是互素的,这样的三元组被称为**本原**(*primitive*)毕达哥拉斯三元组。我们不禁要问,存在多少个这样的本原毕达哥拉斯三元组?如你所料,这样的本原毕达哥拉斯三元组有无穷多个。让我们来考虑各种生成毕达哥拉斯三元组的方法,由此进一步探究这个问题。

求毕达哥拉斯三元组的斐波那契方法

13 世纪最有影响力的数学家之一也许要数比萨的莱昂纳多（Leonardo of Pisa），他现今更广为人知的名字是斐波那契（Fibonacci）。他如今的名气源于他在 1202 年首次出版的《计算之书》（*Liber Abaci*）一书中提出的一道数学题。他在该书的第 12 章中提出了一道有关兔子繁殖的题目。这道题的解答最终引导我们得出了很著名的斐波那契数①。在这本书中，他还首次向西方世界介绍了我们如今所使用的数字。1225 年，他出版了《平方数之书》（*Liber quadratorum*），他在其中叙述了以下内容：

> 我思考了所有平方数的起源，发现它们都是由递增的奇数序列产生的：因为 1 是一个平方数，由它开始构成了第一个平方数，即 1；1 加上 3 构成了第二个平方数，即 4，它的平方根为 2；如果 4 加上第三个奇数 5，就创建了第三个平方数，即 9，它的平方根为 3。因此，相继奇数的和与一个平方数序列总是按顺序出现。

斐波那契实质上是在描述下列关系：

$$1 = 1 = 1^2$$
$$1+3 = 4 = 2^2$$
$$1+3+5 = 9 = 3^2$$
$$1+3+5+7 = 16 = 4^2$$
$$1+3+5+7+9 = 25 = 5^2$$

表示成一般形式：前 n 个奇数之和为 $1+3+5+7+\cdots+(2n-1) = n^2$。

请注意图 4.1 中的那些正方形（从左下角的单个正方形开始）是如何以相继奇数的形式增大面积的，正如我们用代数方法所确立的那样，这是算术表述的几何类比。

---

① 关于斐波那契数（$1,1,2,3,5,8,\cdots$）的更完整讨论，请参见《斐波那契数列：定义自然法则的数学》，阿尔弗雷德·S. 波萨门蒂、英格玛·莱曼著，涂泓、冯承天译，上海科技教育出版社，2024。——原注

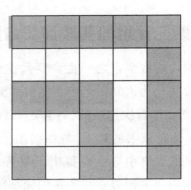

图 4.1

斐波那契知道毕达哥拉斯定理,因此也就知道毕达哥拉斯的三元组——毕竟他比毕达哥拉斯晚了大约 1700 年——他能够用以下方式生成这些三元组。让我们考虑级数 $1+3+5+7+9=5^2$,它的最后一项(9)是一个完全平方数。用括号括起来的总和$(1+3+5+7)$是 16。所以这个等式可以改写为 $16+9=25$,这就给出了一个本原毕达哥拉斯三元组$(3,4,5)$。

让我们考虑同样以一个完全平方数结尾的另一个相继奇整数级数,从而使自己相信这种模式真的可以生成其他本原毕达哥拉斯三元组:

$$1+3+5+7+9+11+13+15+17+19+21+23+25=169=13^2$$

使用与上面相同的方法,我们把一直到倒数第二项的所有项(即这里括号中的各项)加起来:

$$(1+3+5+7+9+11+13+15+17+19+21+23)+25=169=13^2$$

然后可以写成 $144+25=169$,或 $12^2+5^2=13^2$。这就给出了另一个本原毕达哥拉斯三元组$(5,12,13)$。我们可以对无穷多个这样以完全平方数结尾的级数继续这一做法,因为既然每个奇数平方后都会得到一个奇完全平方数,那就有无限多个奇完全平方数。于是我们可以得出结论,有无穷多个毕达哥拉斯三元组。不过,虽然这样会生成无穷多个毕达哥拉斯三元组,但不能生成所有可能的毕达哥拉斯三元组。当你将这种方法应用于多个这样的奇数数列时,你会注意到有一种模式①在形成(见表 4.1)。

---

① 在每种情况下都有 $c-b=1$。——原注

表 4.1

a	b	c
3	4	5
5	12	13
7	24	25
9	40	41
11	60	61
13	84	85
15	112	113
17	144	145
19	180	181

求毕达哥拉斯三元组的欧几里得方法

于是问题出现了:我们如何才能更简洁地生成毕达哥拉斯三元组?更重要的是,我们如何才能得到所有的毕达哥拉斯三元组? 也就是说,是否存在一个公式可以实现这一目标? 找到这样的公式之一,归功于欧几里得的工作,该公式生成的 a、b 和 c 的值满足 $a^2+b^2=c^2$。a,b,c 的取值形式如下[①]:

$$a=m^2-n^2$$
$$b=2mn$$
$$c=m^2+n^2$$

通过对这个可能的三元组的每一项求平方,我们可以很容易地证明,a,b,c 总是会生成一个毕达哥拉斯三元组:

$$a^2=(m^2-n^2)^2$$
$$b^2=(2mn)^2$$
$$c^2=(m^2+n^2)^2$$

进行一些简单的代数计算,我们就证明了 a^2+b^2 就等于 c^2。

$$a^2+b^2=(m^2-n^2)^2+(2mn)^2$$
$$=m^4-2m^2n^2+n^4+4m^2n^2$$
$$=m^4+2m^2n^2+n^4=(m^2+n^2)^2=c^2$$

因此,

$$a^2+b^2=c^2$$

---

① 关于毕达哥拉斯三元组与欧几里得解答,请参见译者撰写的附录 D。——译注

应用欧几里得公式深入理解毕达哥拉斯三元组的一些性质

如果我们将这个公式应用于表4.2中的 m 和 n 的那些值,就应该会注意到一个关于三元组何时是本原三元组的模式,并发现其他一些可能的模式。

对表4.2中三元组的验证可能会引导我们做出以下推测,当然,这是可以证明的。例如,仅当 m 与 n 互素,即它们除了 1 以外没有其他的公因数,并且其中**恰好有一个是偶数**,且 $m>n$ 时,公式 $a=m^2-n^2$、$b=2mn$ 和 $c=m^2+n^2$ 才会产生**本原**毕达哥拉斯三元组。

表 4.2

m	n	$a=m^2-n^2$	$b=2mn$	$c=m^2+n^2$	毕达哥拉斯三元组	是否本原
2	1	3	4	5	$(3,4,5)$	是
3	1	8	6	10	$(6,8,10)$	否
3	2	5	12	13	$(5,12,13)$	是
4	1	15	8	17	$(8,15,17)$	是
4	2	12	16	20	$(12,16,20)$	否
4	3	7	24	25	$(7,24,25)$	是
5	1	24	10	26	$(10,24,26)$	否
5	2	21	20	29	$(20,21,29)$	是
5	3	16	30	34	$(16,30,34)$	否
5	4	9	40	41	$(9,40,41)$	是
6	1	35	12	37	$(12,35,37)$	是
6	2	32	24	40	$(24,32,40)$	否
6	3	27	36	45	$(27,36,45)$	否
6	4	20	48	52	$(20,48,52)$	否
6	5	11	60	61	$(11,60,61)$	是
7	1	48	14	50	$(14,48,50)$	否
7	2	45	28	53	$(28,45,53)$	是
7	3	40	42	58	$(40,42,58)$	否
7	4	33	56	65	$(33,56,65)$	是

m	n	$a=m^2-n^2$	$b=2mn$	$c=m^2+n^2$	毕达哥拉斯三元组	是否本原
7	5	24	70	74	$(24,70,74)$	否
7	6	13	84	85	$(13,84,85)$	是
8	1	63	16	65	$(16,63,65)$	是
8	2	60	32	68	$(32,60,68)$	否
8	3	55	48	73	$(48,55,73)$	是
8	4	48	64	80	$(48,64,80)$	否
8	5	39	80	89	$(39,80,89)$	是
8	6	28	96	100	$(28,96,100)$	否
8	7	15	112	113	$(15,112,113)$	是

这个公式使我们能够发现存在于这些毕达哥拉斯三元组之间的许多关系。例如,当我们检查确定本原毕达哥拉斯三元组的 m 和 n 的值时,我们可以注意到,如表 4.3 所示,当 $n=1$ 时,斜边会与其中一条直角边相差 2。

这在代数上很容易证明。因为:

$$a=m^2-n^2, b=2mn, c=m^2+n^2$$

当 $n=1$ 时,我们得到 $a=m^2-1^2=m^2-1$ 和 $c=m^2+1^2=m^2+1$。因此,我们发现 c 与 a 之差是 $c-a=(m^2+1)-(m^2-1)=2$。表 4.3 显示了 $n=1$ 时的本原毕达哥拉斯三元组的几个例子。

表 4.3

m	n	$a=m^2-n^2$	$b=2mn$	$c=m^2+n^2$	毕达哥拉斯三元组	是否本原
2	1	3	4	5	$(3,4,5)$	是
4	1	15	8	17	$(8,15,17)$	是
6	1	35	12	37	$(12,35,37)$	是
8	1	63	16	65	$(16,63,65)$	是
14	1	195	28	197	$(28,195,197)$	是
18	1	323	36	325	$(36,323,325)$	是
22	1	483	44	485	$(44,483,485)$	是

对于 m 和 n 的哪些值,斜边会比较长的直角边大 1?检视表 4.2 中列出的各组值可以发现,当 $m-n=1$ 时,$c-b=1$。这很容易用代数方法证明,证明如下。

我们需要检查 $(m^2+n^2)-(2mn)$,看看当 $m-n=1$ 时会发生什么。首先,我们发现 $(m^2+n^2)-(2mn)=(m-n)^2$。当 $m-n=1$ 时,$(m-n)^2=1^2=1$,就验证了我们关于 $c-b=1$ 的猜想。斜边与一条直角边相差 1 时的毕达哥拉斯三元组,是我们特别关注的第二种情况。

求毕达哥拉斯三元组的毕达哥拉斯方法

归功于毕达哥拉斯的这个求毕达哥拉斯三元组的公式用起来很简单,但不能生成所有的三元组,尽管它会生成无数个三元组。这个公式明确规定,如果边 a 是奇数,那么边 $b=\dfrac{a^2-1}{2}$,边 $c=\dfrac{a^2+1}{2}$。例如,我们可以将此公式应用于奇数边 $a=5$。于是 $b=\dfrac{5^2-1}{2}=12$,边 $c=\dfrac{5^2+1}{2}=13$,这给出了毕达哥拉斯三元组 $(5,12,13)$。你可能希望对边 a 的其他奇数值应用毕达哥拉斯的公式,当你使用毕达哥拉斯的公式生成更多的三元组时,应该会注意到其中有一个模式,因而也会注意到有些毕达哥拉斯三元组并不包括在内。

求毕达哥拉斯三元组的柏拉图方法

柏拉图解决了边 a 为偶数时生成毕达哥拉斯三元组的问题。他求毕达哥拉斯三元组的另两个成员的公式是：边 $b = \left(\dfrac{a}{2}\right)^2 - 1$，边 $c = \left(\dfrac{a}{2}\right)^2 + 1$。

将此公式应用于偶数边 $a = 6$，得到 $b = \left(\dfrac{6}{2}\right)^2 - 1 = 8$，$c = \left(\dfrac{6}{2}\right)^2 + 1 = 10$，这样我们就得到了毕达哥拉斯三元组 $(6,8,10)$——尽管不是一个本原毕达哥拉斯三元组！

对于偶数边 $a = 8$，应用柏拉图公式得出 $b = \left(\dfrac{8}{2}\right)^2 - 1 = 15$，$c = \left(\dfrac{8}{2}\right)^2 + 1 = 17$，由此得到毕达哥拉斯三元组 $(8,15,17)$，是一个本原毕达哥拉斯三元组。你可能会想要知道 a 的哪些值会生成本原毕达哥拉斯三元组，哪些值会产生非本原毕达哥拉斯三元组。

一种生成所有本原毕达哥拉斯三元组的新颖方法

我们从任何一个本原毕达哥拉斯三元组开始,比如说(a,b,c),我们把a,b和c的这些值代入表4.4中的三个公式。每个公式都会生成一个新的本原毕达哥拉斯三元组(x,y,z)。

表4.4

	x	y	z
公式1	$a-2b+2c$	$2a-b+2c$	$2a-2b+3c$
公式2	$a+2b+2c$	$2a+b+2c$	$2a+2b+3c$
公式3	$-a+2b+2c$	$-2a+b+2c$	$-2a+2b+3c$

为了理解这是如何演算的,我们把这三个公式应用于毕达哥拉斯三元组$(5,12,13)$。

表4.5

	x	y	z	(x,y,z)
公式1	$5-2\times12+2\times13=7$	$2\times5-12+2\times13=24$	$2\times5-2\times12+3\times13=25$	$(7,24,25)$
公式2	$5+2\times12+2\times13=55$	$2\times5+12+2\times13=48$	$2\times5+2\times12+3\times13=73$	$(55,48,73)$
公式3	$-5+2\times12+2\times13=45$	$-2\times5+12+2\times13=28$	$-2\times5+2\times12+3\times13=53$	$(45,28,53)$

本质上,我们可以从任何本原毕达哥拉斯三元组[最小的是$(3,4,5)$]开始,用这三个公式生成其他本原毕达哥拉斯三元组。

生成毕达哥拉斯三元组的一种迷人方法

这种方法可能看起来有点不自然,但它确实有效。我们首先创建以下形式的带分数数列:

$$1\frac{1}{3},2\frac{2}{5},3\frac{3}{7},4\frac{4}{9},5\frac{5}{11},6\frac{6}{13},7\frac{7}{15},\cdots,n\frac{n}{2n+1}$$

在这里,上述带分数的整数部分是按照自然数顺序排列的,这些带分数的分子与它的整数部分相同,分母是从 3 开始的连续奇数。我们现在将这个数列中的每个分数转换为一个假分数①,就得到以下数列:

$$\frac{4}{3},\frac{12}{5},\frac{24}{7},\frac{40}{9},\frac{60}{11},\frac{84}{13},\frac{112}{15},\cdots,\frac{n(2n+1)+n}{2n+1}=\frac{2n(n+1)}{2n+1}$$

这些分数(当化简到最简形式时)就会产生一个毕达哥拉斯三元组的前两个成员,这样我们就能通过简单地应用毕达哥拉斯定理获得三元组的第三个成员。例如,如果我们取这个数列的第 6 项 $\frac{84}{13}$,我们就有了毕达哥拉斯三元组的前两个成员 $(13,84,c)$。然后去求第三个成员,我们很容易求出 $c=\sqrt{84^2+13^2}=\sqrt{7056+169}=85$。因此,完整的毕达哥拉斯三元组就是 $(13,84,85)$。为了帮助你理解这个方法,我们再应用它一次。这次我们从这个数列中选出分数 $\frac{60}{11}$。此时的毕达哥拉斯三元组就是 $(11,60,c)$。为了找到 c 的值,我们应用毕达哥拉斯定理得到 $\sqrt{11^2+60^2}=\sqrt{121+3600}=61$。你可能想再尝试几个其他的例子来使自己相信这个方法确实会生成毕达哥拉斯三元组。请注意,这些毕达哥拉斯三元组的较长直角边似乎都与斜边相差 1。

为了证明确实总是如此,我们就要用到一些初等代数:从上面的通项 $\frac{2n(n+1)}{2n+1}$ 开始,证明它的分子和分母的平方和会产生一个完全平方数。

---

① 假分数是分子大于分母的分数。——原注

即 $[2n(n+1)]^2+(2n+1)^2$ 应该是一个完全平方数。

让我们如下简化这个表达式：

$$[2n(n+1)]^2+(2n+1)^2 = (4n^4+8n^3+4n^2)+(4n^2+4n+1)$$
$$= 4n^4+8n^3+8n^2+4n+1$$
$$= (2n^2+2n+1)^2$$

这样我们就证明了这些分数的分子和分母的平方和是一个完全平方数。

斐波那契与毕达哥拉斯三元组的(间接)联系

如前所述,斐波那契现在如此出名是因为他提出了一个与兔子的繁殖有关的问题,与此相关的那个数列出现在他的著作《计算之书》第 12 章中。这个著名的斐波那契数列是 $1,1,2,3,5,8,13,21,34,55,89,144,\cdots$,在最初的两个 1 之后的每一项都是其前两项之和。从表面上看,这里似乎与毕达哥拉斯三元组没有任何共同之处。我们为你准备了一个惊喜:你可以从这个完全不相关的数列生成毕达哥拉斯三元组。有趣的是,毕达哥拉斯三元组和斐波那契三元组是分别独立发现的,绝无先后关联。

要从斐波那契数构造毕达哥拉斯三元组,我们从这个数列中取任意四个相继的数,如 3,5,8,13。这四个斐波那契数是第 4 到第 7 个斐波那契数,通常将它们分别表示为 F_4,F_5,F_6,F_7。然后遵循下列规则①:

1. 将中间的两个数相乘,并将结果翻倍。

这里,5 和 8 的乘积是 40,然后我们将其翻倍得到 **80**。(这是毕达哥拉斯三元组的一个成员。)

2. 将外侧的两个数相乘。

这里,3 和 13 的乘积是 **39**。(这是毕达哥拉斯三元组的另一个成员。)

3. 将中间两个数的平方相加,得到毕达哥拉斯三元组的第三个成员。

这里,$5^2+8^2=25+64=\mathbf{89}$。

这样我们就找到了一个毕达哥拉斯三元组:(39,80,89)。我们可以验证这确实是一组毕达哥拉斯三元组:$39^2+80^2=1521+6400=7921=89^2$。

我们欣赏这种关系,也能将它再推进一步。89 是第 11 个斐波那契数(F_{11})。现在回到我们原来的那几个斐波那契数 F_4,F_5,F_6,F_7,我们发现中间的两个斐波那契数的下标(5 和 6)之和与外侧两个斐波那契数的下标(4 和 7)之和都是表示我们刚刚发现的表示斜边的斐波那契数的下

---

① 这一令人愉快的(和令人惊讶的)的规则的证明可以在附录 A 中找到。——原注

标（11）。此外，我们所发现的毕达哥拉斯三角形（39，80，89）的面积 $\frac{1}{2} \times$ 39×80 = 1560 也恰好等于 3×5×8×13，这是我们最初使用的那几个斐波那契数的乘积。真是出乎意料！

　　你可以在斐波那契数列的其他地方应用这些规则，由此使自己相信上述构造法确实适用于任何四个相继的斐波那契数。

斐波那契数和毕达哥拉斯三元组之间的另一种联系

请回忆一下生成本原毕达哥拉斯三元组的欧几里得公式：$a=m^2-n^2$，$b=2mn$ 和 $c=m^2+n^2$，其中 $m>n$，m 和 n 是互素的自然数，且其中恰好有一个是偶数。

请再回忆一下斐波那契数：$1,1,2,3,5,8,13,21,34,55,89,144,\cdots$

假设我们的 m 和 n 相继地取斐波那契数列的值，从 $m=2$ 和 $n=1$ 开始。你会惊奇地发现，在每种情况下，c 也会变成一个斐波那契数，如表 4.6 所示

表 4.6

k	m	n	$a=m^2-n^2$	$b=2mn$	$c=m^2+n^2$
1	2	1	3	4	5
2	3	2	5	12	13
3	5	3	16	30	34
4	8	5	39	80	89
5	13	8	105	208	233
6	21	13	272	546	610
7	34	21	715	1428	1597
8	55	34	1869	3740	4181
9	89	55	4896	9790	10 946
10	144	89	12 815	25 632	28 657
11	233	144	33 553	67 104	75 025
12	377	233	87 840	175 682	196 418
…	…	…	…	…	…

我们可以很容易地证明这一情况。考虑一般情况下的两个相邻的斐

波那契数，F_n 是第 n 个斐波那契数。因此，我们令 $m_k = F_{k+2}$，$n_k = F_{k+1}$。

使用欧几里得公式，我们得到

$$a = m^2 - n^2 = F_{k+2}^2 - F_{k+1}^2$$

$$b = 2mn = 2F_{k+2}F_{k+1}$$

$$c = m^2 + n^2 = F_{k+2}^2 + F_{k+1}^2$$

由此我们可以得出，两个相邻斐波那契数的平方和总是等于另一个斐波那契数 F_{2k+1}[①]。

———————————————

① 在附录 A 中可以找到这个结论的一种证明。——原注

三角形数与毕达哥拉斯三元组

首先让我们回忆一下三角形数是什么。它们是像 1,3,6,10,15,21, 28,…这样的数,表示可以放置成等边三角形排列的点数,如图 4.2 所示。

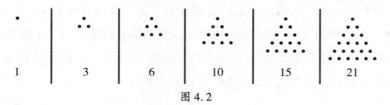

图 4.2

你会注意到相邻三角形数之差构成了一个数列 2,3,4,5,6,7,…换言之,任何三角形数 t_n 都可以表示为最初的 n 个连续自然数之和。例如,1+2+3+4+5+6+7=28,这是第 7 个三角形数 t_7。一般情况下,我们可以将第 n 个三角形数表示为 $t_n = \dfrac{n(n+1)}{2}$。此外,任何两个相邻三角形数之和总是一个平方数,例如 15+21=36。这可以用几何方式表示出来,如图 4.3 所示。

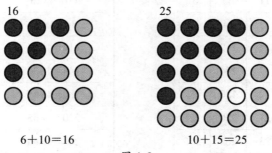

$$6+10=16 \qquad 10+15=25$$

图 4.3

有些三角形数还有一个特殊的性质,即它们可以表示为三个连续自然数的乘积。例如

$$t_3 = 6 = 1 \times 2 \times 3$$

$$t_{15} = 120 = 4 \times 5 \times 6$$

$$t_{20} = 210 = 5 \times 6 \times 7$$

$$t_{44} = 990 = 9 \times 10 \times 11$$

此外,还有些三角形数也可以表示为三个连续自然数的乘积,它们是 $t_{608} = 185\,136 = 56 \times 57 \times 58$ 和 $t_{22\,736} = 258\,474\,216 = 636 \times 637 \times 638$。顺便说一下,三角形数有一个很好的模式,即形如 $21, 2211, 222\,111, \cdots$ 的数全都是三角形数①!

现在你可能想知道三角形数与毕达哥拉斯三元组有什么关系。在表 4.7 中,我们列出了一些毕达哥拉斯三元组,其中列出的 a 是(连续)奇数。检查 b 的值就会发现一个令人惊讶的模式。为了发现这种模式,我们需要将这些 b 值进行因数分解。(见表 4.8。)

<table>
<tr><th colspan="3">表 4.7</th></tr>
<tr><td>a</td><td>b</td><td>c</td></tr>
<tr><td>3</td><td>4</td><td>5</td></tr>
<tr><td>5</td><td>12</td><td>13</td></tr>
<tr><td>7</td><td>24</td><td>25</td></tr>
<tr><td>9</td><td>40</td><td>41</td></tr>
<tr><td>11</td><td>60</td><td>61</td></tr>
<tr><td>13</td><td>84</td><td>85</td></tr>
<tr><td>15</td><td>112</td><td>113</td></tr>
<tr><td>17</td><td>144</td><td>145</td></tr>
<tr><td>19</td><td>180</td><td>181</td></tr>
<tr><td>21</td><td>220</td><td>221</td></tr>
<tr><td>23</td><td>264</td><td>265</td></tr>
<tr><td>25</td><td>312</td><td>313</td></tr>
</table>

<table>
<tr><th>表 4.8</th></tr>
<tr><td>b</td></tr>
<tr><td>$4 = 4 \times \mathbf{1}$</td></tr>
<tr><td>$12 = 4 \times \mathbf{3}$</td></tr>
<tr><td>$24 = 4 \times \mathbf{6}$</td></tr>
<tr><td>$40 = 4 \times \mathbf{10}$</td></tr>
<tr><td>$60 = 4 \times \mathbf{15}$</td></tr>
<tr><td>$84 = 4 \times \mathbf{21}$</td></tr>
<tr><td>$112 = 4 \times \mathbf{28}$</td></tr>
<tr><td>$144 = 4 \times \mathbf{36}$</td></tr>
<tr><td>$180 = 4 \times \mathbf{45}$</td></tr>
<tr><td>$220 = 4 \times \mathbf{55}$</td></tr>
<tr><td>$264 = 4 \times \mathbf{66}$</td></tr>
<tr><td>$312 = 4 \times \mathbf{78}$</td></tr>
</table>

三角形数就隐藏在各 b 值中。如果我们现在只分解表 4.8 中的这些

---

① 只要表明这些数中的每一个都符合三角形数的通项公式 $\dfrac{n(n+1)}{2}$,就能证明这一点。例如
$$21 = \frac{6 \times 7}{2}, 2211 = \frac{66 \times 67}{2}, 222\,111 = \frac{666 \times 667}{2}$$——原注

b 值,你应该注意到出现了连续的三角形数。

信不信由你,甚至还有一个完全由三角形数组成的毕达哥拉斯三元组:(8778,10 296,13 530),其中 8778 是第 132 个三角形数,10 296 是第 143 个三角形数,而 13 530 是第 164 个三角形数。

毕达哥拉斯三元组的相继成员

当我们进一步检查表 4.7 中的毕达哥拉斯三元组列表时，我们注意到，不仅 $c=b+1$，而且 $a^2=b+c$，在这些选定的毕达哥拉斯三元组中，这是一个非常值得注意的模式。例如，对于毕达哥拉斯三元组 $(7,24,25)$，有 $25=24+1$，同时也有 $7^2=24+25=49$。

在这些特殊的毕达哥拉斯三元组中还隐藏着更多的珍宝。仅对于表 4.9 中的这些毕达哥拉斯三元组，让我们看看它们在欧几里得公式中所取的 m 和 n 值。

请注意此表中 m 和 n 的值。它们全都是一对一对的连续自然数，保持了本原毕达哥拉斯三元组所要求的 $m>n$，又由于它们是连续的，我们知道它们不可能有公因数，于是它们也符合本原毕达哥拉斯三元组的另一个要求，即它们是互素的，也就是说，它们除了 1 之外没有其他公因数，并且其中一个总是偶数。

表 4.9

m	n	$a=m^2-n^2$	$b=2mn$	$c=m^2+n^2$
2	1	3	4	5
3	2	5	12	13
4	3	7	24	25
5	4	9	40	41
6	5	11	60	61
7	6	13	84	85
8	7	15	112	113
9	8	17	144	145
10	9	19	180	181
11	10	21	220	221
12	11	23	264	265
13	12	25	312	313

如果 m 和 n 是连续自然数，那么斜边长度是否总与一条直角边相差 1？我们会对此提供一个非常简单的代数证明。

当 m 和 n 是连续自然数时,我们就有 $m=n+1$,将其代入欧几里得公式:

$$a=m^2-n^2=(n+1)^2-n^2=2n+1$$

$$b=2mn=2(n+1)n=2n^2+2n$$

$$c=m^2+n^2=(n+1)^2+n^2=2n^2+2n+1$$

于是你可以看到 $c=b+1$。感兴趣的读者可能会问,是否还有其他斜边比一条直角边大 1 的本原毕达哥拉斯三元组,而它们并不包含在表 4.9 中所构建的模式中?也就是说,是否存在这样的三元组,它们满足 $c=a+1$ 或 $c=b+1$,但不具有 $m=n+1$ 的关系?

事实上,除了这些毕达哥拉斯三元组以外,就没有任何其他毕达哥拉斯三元组能遵循这一模式了。我们可以很简单地证明这一点。假设存在满足 $c=a+1$ 的毕达哥拉斯三元组,我们可以将其写成 $m^2+n^2=(m^2-n^2)+1$,由此得到 $n^2=-n^2+1$,或 $n^2=\dfrac{1}{2}$,而这是不可能的,因为 n 是整数。因此,我们的假设 $c=a+1$ 是错误的;因此 $c\neq a+1$,即斜边永远不可能比(除 b 外)另一条直角边大 1。

现在让我们看看,如果我们假设 $c=b+1$,即 $m^2+n^2=2mn+1$,那样会发生什么。我们可以将其写成 $m^2-2mn+n^2=1$,或 $(m-n)^2=1$。于是我们得到 $m-n=1$,或 $m-n=-1$。不过,由于 $m>n$,$m-n$ 不能是负数。因此,我们有 $m-n=1$,即 $m=n+1$,这告诉我们,除了满足表 4.9 所示的模式之外,没有其他斜边比一条直角边大 1 的毕达哥拉斯三元组。

在表 4.9 所示的这个模式丰富的列表中,我们对 b 项(即 $2mn$),即 $4,12,24,40,60,84,\cdots$,还可以再多说一句。它们恰好可以很好地嵌入以下模式:

$$3^2+\mathbf{4}^2=5^2$$

$$10^2+11^2+\mathbf{12}^2=13^2+14^2$$

$$21^2+22^2+23^2+\mathbf{24}^2=25^2+26^2+27^2$$

$$36^2+37^2+38^2+39^2+\mathbf{40}^2=41^2+42^2+43^2+44^2$$

$$55^2+56^2+57^2+58^2+59^2+\mathbf{60}^2=61^2+62^2+63^2+64^2+65^2$$

是否还有许多其他的毕达哥拉斯三元组像(3,4,5)这样由三个连续自然数构成？为了搜索这样的三元组，我们设此三元组的三个成员是 $p-1$、p 和 $p+1$。现在用毕达哥拉斯定理来检验它们，我们得到

$$(p-1)^2+p^2=(p+1)^2$$

$$p^2-2p+1+p^2=p^2+2p+1$$

$$p^2=4p$$

$$p=4$$

由此得到的毕达哥拉斯三元组是(3,4,5)，其中的三个成员按连续自然数顺序排列(即各成员依次相差1)。此外，我们应该会注意到，这是唯一的三个成员为连续自然数的毕达哥拉斯三元组，有一个简单的方法可以证明。假设

$$m^2-n^2=x$$

$$2mn=x+1$$

$$m^2+n^2=x+2$$

这样就通过欧几里得公式使一个毕达哥拉斯三元组的三个成员成为三个连续自然数。

然后将第一式与第三式相加，得到

$$(m^2-n^2)+(m^2+n^2)=x+x+2$$

$$2m^2=2x+2$$

$$m^2=x+1$$

将第一式与第三式相减，得到

$$(m^2+n^2)-(m^2-n^2)=x+2-x$$

$$2n^2=2$$

$$n^2=1$$

既然现在 $2mn$ 和 m^2 都等于 $x+1$，那么 $2mn=m^2$，即 $2n=m$。不过，由 $n^2=1$ 可得 $n=1$，于是 $m=2$。m 和 n 的值只给出了毕达哥拉斯三元组(3,4,5)。

现在让我们关注在毕达哥拉斯三元组中有两个连续自然数代表两条

直角边这一可能性。我们最熟悉的毕达哥拉斯三元组(3,4,5)已经满足了这个条件,因为 3 和 4 是连续自然数。还有哪些毕达哥拉斯三元组有连续自然数直角边?例如,我们可以举出毕达哥拉斯三元组(20,21,29)这个例子,它显然符合这个条件。还有其他的吗?我们可以查看附录 C 中提供的毕达哥拉斯三元组列表,在那里我们可以找到下列直角边为连续自然数的三元组(见表 4.10)。

表 4. 10

m	n	$a = m^2 - n^2$	$b = 2mn$	$c = m^2 + n^2$
2	1	3	4	5
5	2	21	20	29
12	5	119	120	169
29	12	697	696	985
70	29	4059	4060	5741
169	70	23 661	23 660	33 461
408	169	137 903	137 904	195 025
985	408	803 761	803 760	1 136 689
2378	985	4 684 659	4 684 660	6 625 109
5741	2378	27 304 197	27 304 196	38 613 965

如果你仔细观察这个列表,就又会看出一个模式——这在数学中经常发生。然而,这个模式与前面的那些模式略有不同。从具有连续自然数直角边的一个毕达哥拉斯三元组开始之后,为了得到下一个两条直角边相差 1(即它们是连续自然数)的毕达哥拉斯三元组,我们可以从毕达哥拉斯三元组(119,120,169)开始进行以下操作。

将我们开始的那一个三元组的较短直角边乘 6:

$$6 \times 119 = 714$$

然后将此数减去三元组(119,120,169)前面的那个三元组(21,20,29)的较短直角边:

$$714 - 20 = 694$$

然后再将此数加上 2：

$$694+2=696$$

为了得到毕达哥拉斯三元组的另一条直角边，我们只需要将最后这个数加上 1，这就是我们正在寻找具有连续整数直角边的三元组。最后，第三条边可以通过毕达哥拉斯定理求出！

在离开毕达哥拉斯三元组列表（表 4.10）之前，你可能想欣赏一下这里存在的一些其他模式，即一个三元组的 m 值会变成下一个三元组的 n 值。另外，每个毕达哥拉斯三元组的斜边就是下面的某个三元组的 m（或 n）值。

哪些数可以成为毕达哥拉斯三元组的成员？

我们自信地认为(3,4,5)是最小的毕达哥拉斯三元组。显而易见,1和2不可能是毕达哥拉斯三元组的两条直角边。用这两个数来尝试,你会遇到困境。

让我们看看是否可以确定一种系统的方法来验证所有大于2的整数是否都能出现在某个毕达哥拉斯三元组中。

我们首先来验证大于1的奇数。令$a = \frac{1}{2}n$,并舍弃余数。然后,我们可以使用在"生成毕达哥拉斯三元组的一种迷人方法"(第97页)那一节中所示的方法来找到一个具有奇数直角边的毕达哥拉斯三元组。例如,如果我们选择$a = 23$,将其减半并忽略余数,就得到11。然后构造带分数$11\frac{11}{23} = \frac{264}{23}$,由此确定了毕达哥拉斯三元组(23,264,265)。以同样的方式,我们可以使所有大于1的奇数成为一个毕达哥拉斯三元组中的一条直角边。

我们现在必须检查可能成为毕达哥拉斯三元组成员的偶数。首先,我们将考虑那些不是2的幂的偶数。将这个数不断减半,最终会得到一个奇数。我们刚刚已经确定了每一个大于1的奇数都是某个毕达哥拉斯三元组的成员。因此,将这些2乘回去,就可以证明这个不等于2的幂的数是某个毕达哥拉斯三元组的一个成员。例如,让我们来看看28是否为某个毕达哥拉斯三元组的一个成员。我们将其连续除以2得到28,14,7。最后得到的7是一个奇数,因此,正如我们刚刚所确定的,7是某个毕达哥拉斯三元组的一个成员,这个三元组是(7,24,25)。所以,如果我们现在将之前除以的2乘回去,也就是说乘两次2,我们就得到(28,96,100),这也是一个毕达哥拉斯三元组,尽管它不是一个本原毕达哥拉斯三元组。

要找出哪些数可以成为毕达哥拉斯三元组的成员,我们现在还需要做的就是看看一个是2的幂的数能否成为某个毕达哥拉斯三元组的成员。如果我们从毕达哥拉斯三元组(3,4,5)开始,并不断将其各成员加倍,那么第二个成员将能够呈现 2 的所有幂。例如,如果我们想确定 32 能否成为某个毕达哥拉斯三元组的一个成员,那么就将其连续除以 2,我们会得到 4,而这是毕达哥拉斯三元组 $(3,4,5)$ 的成员。因此,将这个三元组的各成员乘 8 就得到了毕达哥拉斯三元组 $(24,32,40)$,这样就证明了 32 可以成为毕达哥拉斯三元组的一个成员。由此,我们已经证明了所有大于 2 的自然数都可以成为某个(本原或非本原)毕达哥拉斯三元组的成员。

此外还有一个有趣的事实是,我们可以注意一下有多少个毕达哥拉斯三元组的成员是 2 的各次幂。表 4.11 为我们提供了答案。请注意,以 2^n 为成员的毕达哥拉斯三元组的数量是 $n-1$。

表 4.11

毕达哥拉斯三元组的成员	毕达哥拉斯三元组	以 2^n 为成员的毕达哥拉斯三元组的数量
$2 = 2^1$	无	0
$4 = 2^2$	$(3,4,5)$	1
$8 = 2^3$	$(6,8,10),(8,15,17)$	2
$16 = 2^4$	$(12,16,20),(16,30,34),(16,63,65)$	3
$32 = 2^5$	$(24,32,40),(32,60,68),$ $(32,126,130),(32,255,257)$	4
⋮	⋮	⋮
2^{n+1}		**n**

毕达哥拉斯三角形的面积和周长

我们现在从毕达哥拉斯三元组所代表的三角形这个视角来考虑它们。每个直角三角形的面积为 $\dfrac{ab}{2}$，周长为 $a+b+c$。表 4.12 列出了边长小于等于 100 的所有毕达哥拉斯直角三角形。

表 4.12

三元组	周长	面积	三元组	周长	面积	三元组	周长	面积
(3,4,5)	12	6	(27,36,45)	108	486	(24,70,74)	168	840
(6,8,10)	24	24	(30,40,50)	120	600	(45,60,75)	180	1350
(5,12,13)	30	30	(14,48,50)	112	336	(21,72,75)	168	756
(9,12,15)	36	54	(24,45,51)	120	540	(30,72,78)	180	1080
(8,15,17)	40	60	(20,48,52)	120	480	(48,64,80)	192	1536
(12,16,20)	48	96	(28,45,53)	126	630	(18,80,82)	180	720
(15,20,25)	60	150	(33,44,55)	132	726	(51,68,85)	204	1734
(7,24,25)	56	84	(36,48,60)	144	864	(40,75,85)	200	1500
(10,24,26)	60	120	(40,42,58)	140	840	(36,77,85)	198	1386
(20,21,29)	70	210	(11,60,61)	132	330	(13,84,85)	182	546
(18,24,30)	72	216	(39,52,65)	156	1014	(60,63,87)	210	1890
(16,30,34)	80	240	(25,60,65)	150	750	(39,80,89)	208	1560
(21,28,35)	84	294	(33,56,65)	154	924	(54,72,90)	216	1944
(12,35,37)	84	210	(16,63,65)	144	504	(35,84,91)	210	1470
(15,36,39)	90	270	(32,60,68)	160	960	(57,76,95)	228	2166
(24,32,40)	96	384	(42,56,70)	168	1176	(65,72,97)	234	2340
(9,40,41)	90	180	(48,55,73)	176	1320	(60,80,100)	240	2400
						(28,96,100)	224	1344

仔细观察这个表格，你就会发现关于这些直角三角形的一些有趣事实：

- 只有一个三角形的面积在数值上小于它的周长。
  - (3,4,5)：周长为 12,面积为 6
- 只有两个三角形的面积在数值上等于它的周长。
  - (6,8,10)：面积和周长均为 24
  - (5,12,13)：面积和周长均为 30
- 有三个三角形的面积在数值上等于它的周长的 2 倍。
  - (12,16,20)：面积为 96,周长为 48
  - (10,24,26)：面积为 120,周长为 60
  - (9,40,41)：面积为 180,周长为 90

你可以在这个毕达哥拉斯三元组列表中找到许多有趣的事实,例如你可能会想测试其"唯一性"。例如,在这些毕达哥拉斯三角形中,对于周长相同的两个三角形,该周长最小是 60,而对于周长相同的三个三角形,该周长最小是 120。对于周长相同的四个三角形,该周长最小是 360,对于周长相同的五个三角形,该周长最小是 420 你还可以在毕达哥拉斯三角形的周长之间寻找其他关系。另一个有趣的思考是寻找这些直角三角形面积之间的模式和关系。

例如,在表 4.12 列出的这些具有正整数边的直角三角形(即毕达哥拉斯三元组)中,有两个三角形的面积为 210,即(20,21,29)和(12,35,37)。有三个具有正整数边的直角三角形有相同面积[1]840。它们是(40,42,58),(24,70,74)和(15,112,113)。对于面积相同的三个本原毕达哥拉斯三元组,该最小面积是 13 123 110,这些三角形的边长为(4485,5852,7373),(19 019,1380,19 069)和(3059,8580,9109)。

你还可以将研究扩展到涉及这两者——面积和周长——的模式或关系,从而发现一些更迷人的关系。

※※※

为了表明能发现的模式有多么广泛,这里给出一个相当不寻常的关系:对于每一个自然数 **n**,至少有一个本原毕达哥拉斯三角形,其面积在数值上等于周长的 **n** 倍。你可以在表 4.13 中看到前七个这样的本原毕达哥拉斯三元组,你可以在附录 C 的列表中搜索接下去的几个。

表 4.13

n	毕达哥拉斯三元组	周长	面积
1	(5,12,13)	30	30
2	(9,40,41)	90	180
3	(20,21,29)	70	210
4	(17,144,145)	306	1224
5	(28,45,53)	126	630
6	(33,56,65)	154	924
7	(36,77,85)	198	1386

仔细观察毕达哥拉斯三元组及其对应直角三角形面积的列表,你也许会注意到没有任何面积 $\left[\text{即}\dfrac{ab}{2},\text{或根据欧几里得公式是 } mn(m^2-n^2)\right]$ 是完全平方数。伟大的法国数学家费马①证明了不存在面积为完全平方数的毕达哥拉斯三角形。因此,你无需进一步搜索,因为我们现在已经知道不存在这样的面积数值。不过,我们至少可以说,每个面积都可以被 6整除。这是毕达哥拉斯三元组的另一个特点。

有一些从观察得来的关系,在被证明对于所有情况都成立之前,仅仅是"猜想",志存高远的读者可能还想证明这些关系,从而使其成为有效的一般结论。

————————

① 费马(Pierre de Fermat),法国律师和业余数学家。他对数论和现代微积分的建立都作出了贡献。——译注

一些毕达哥拉斯的其他奇趣

奇趣 1

仔细观察毕达哥拉斯三元组的列表,你就会发现前两个成员中总有一个是 3 的倍数,总有一个(可能是同一个)是 4 的倍数。因此,两个较小成员的乘积总是 12 的倍数,这使得具有这些边的直角三角形的面积总是 6 的倍数。毕达哥拉斯三元组总有一个成员是 5 的倍数。因此,任何毕达哥拉斯三元组的乘积都是 60 的倍数。

奇趣 2

是否存在各成员的乘积相同的两个毕达哥拉斯三元组(本原或非本原),这仍然是一个尚未解答的问题。数学中的未解问题并不罕见,有时这些问题在经过数学家们多年的努力之后得到了解答。哥德巴赫(Christian Goldbach)提出的"哥德巴赫猜想"就是一个尚未解决的数学问题。该猜想指出,每一个大于 2 的偶数都可以表示为两个素数之和。已经发现了无数个例子,例如 $12=5+7$,或 $48=19+29$,从未有人发现过反例。然而,到目前为止,还没有人证明这一猜想在所有情况下都成立,这仍是一个**猜想**,而不是一条定理。在毕达哥拉斯定理的范围中,也存在那样尚未解决的问题。

费马在 1643 年提出了一个问题,然后他自己回答了这个问题。他想要寻找这样一个毕达哥拉斯三元组:其两条直角边之和是一个平方数,斜边也是一个平方数,即他试图寻找的毕达哥拉斯三元组 (a,b,c) 满足 $a+b=p^2$ 和 $c=q^2$,其中 p 和 q 都是整数。他计算出一个这样的毕达哥拉斯三元组为 (4 565 486 027 761,1 061 652 293 520,4 687 298 610 289),其中 $a+b=$ 4 565 486 027 761+1 061 652 293 520 = 5 627 138 321 281 = 2 372 159^2。斜边也是一个完全平方数:$c=$ 4 687 298 610 289 = 2 165 017^2。费马证明了这是具有这一性质的**最小**毕达哥拉斯三元组!很难想象具有这一性质的下一个更大的毕达哥拉斯三元组。

奇趣 3

使用我们在前文列出的下列三个公式,我们可以生成其他不寻常的毕达哥拉斯三元组"家族"：

$$a = 2n+1$$
$$b = 2n(n+1)$$
$$c = 2n(n+1)+1$$

表 4.14

n	$a=2n+1$	$b=2n(n+1)$	$c=2n(n+1)+1$
10	21	220	221
10^2	201	20 200	20 201
10^3	2001	2 002 000	2 002 001
10^4	20 001	200 020 000	200 020 001
10^5	200 001	20 000 200 000	20 000 200 001
10^6	2 000 001	2 000 002 000 000	2 000 002 000 001

我们在表 4.14 中使用的是 10 的幂,而当你生成一个具有 $2\times10^1,2\times10^2$ 等的幂的类似列表时,你会发现惊喜。我们可以告诉你,对于 $n=2\times10^1$,你会得到 $41^2+840^2=841^2$,而对于 $n=2\times10^2$,你会得到 $401^2+80\ 400^2=80\ 401^2$,接下来你可以开始新一轮的研究,看看你还能发现什么其他的这类模式。

奇趣 4

我们可以证明有无数个本原毕达哥拉斯三元组都满足其第三个成员(即斜边)是一个自然数的平方。这个证明相当简单。我们可以取这无数个本原毕达哥拉斯三元组中的任何一个,比如说 (n,m,h)。根据欧几里得公式,存在 $x>y,x$ 和 y 互素,并具有不同的奇偶性(即一个是奇数,另一个是偶数),满足:

$$n = x^2 - y^2$$
$$m = 2xy$$
$$h = x^2 + y^2$$

由于 (n,m,h) 是一个本原三元组,n 和 m 互素的,$m(=2xy)$ 显然是偶数,因此我们可以再使用一次欧几里得公式[1],由此再得到一个本原毕达

① 欧几里得公式是 $a=m^2-n^2,b=2mn,c=m^2+n^2$。——原注

哥拉斯三元组(a,b,c)。

这里我们注意到,使用上面m和n关于x和y的表达式,就会得到以下结果

$$m^2+n^2=(2xy)^2+(x^2-y^2)^2=4x^2y^2+x^4-2x^2y^2+y^4$$
$$=x^4+2x^2y^2+y^4=(x^2+y^2)^2$$

因此,我们已经证明,每当我们在欧几里得公式中使用另一个本原毕达哥拉斯三元组的前两个成员来生成一个新的毕达哥拉斯三元组时,这个新的毕达哥拉斯三元组的第三个成员(直角边)m^2+n^2会是一个自然数的完全平方数。

我们可以将其应用于一些本原毕达哥拉斯三元组,这样你就可以再次验证我们刚刚证明的结论。让我们从最小的本原毕达哥拉斯三元组$(3,4,5)$开始,如果我们求出前两个成员的平方和,$3^2+4^2=25$,就得到了另一个本原毕达哥拉斯三元组$(7,24,25)$的斜边(即第三个成员)。作为这种关系的另一个例子,我们可以使用刚刚得到的毕达哥拉斯三元组:$(7,24,25)$。同样,计算出前两个成员的平方和:$7^2+24^2=49+576=625$,这是一个完全平方数25^2。它是本原毕达哥拉斯三元组$(175,600,625)$的斜边。从本原始毕达哥拉斯三元组$(8,15,17)$出发,我们可以生成本原毕达哥拉斯三元组$(161,240,289)$,它的第三个成员289是一个完全平方数17^2。你可以看看本原毕达哥拉斯三角形的斜边位置上出现了哪些平方数,是否会演变出某种模式。

奇趣5

以类似的方式,我们也可以证明,有无限多个本原毕达哥拉斯三元组的前两个成员之一是一个完全平方数。$(9,40,41)$是三元组中奇数成员为平方数的一个例子,$(63,16,65)$是三元组中偶数成员为平方数的一个例子。可以在附录C中找到更多的例子。一个有趣的事实是,不存在前**两个成员都**是完全平方数的毕达哥拉斯三元组[①]。此外,你可能还想使自己信服,在一个毕达哥拉斯三元组中,**只有一条**边可能是完全平方数。

———————————

① 费马对此给出了证明。——原注

表 4.15 给出了毕达哥拉斯三元组的几个例子,它们分别属于最小成员是完全平方数和最小成员是完全立方数两种情况。

毕
达
哥
拉
斯
三
元
组
及
其
性
质

第
4
章

131

表 4.15

最小成员是完全平方数的 毕达哥拉斯三元组	最小成员是完全立方数的 毕达哥拉斯三元组
(9,40,41)	(27,364,365)
(16,63,65)	(64,1023,1025)
(25,312,313)	(125,7812,7813)
(36,77,85)	(216,713,745)(216,11 663,11 665)
(49,1200,1201)	(343,58 824,58 825)
(64,1023,1025)	(512,65 535,65 537)
(81,3280,3281)	(729,265 720,265 721)
(100,621,629)	(1000,15 609,15 641)(1000,249 999,250 001)
(121,7320,7321)	(1331,885 780,885 781)

你应该能够发现表 4.15 中的这些毕达哥拉斯三元组中的两个较大的成员之间的模式。

奇趣 6

因为有无限多个毕达哥拉斯三元组,所以正如你可能已经预料到的,其中有一些的面积 $\left[\text{用欧几里得公式表示为} \frac{1}{2}ab = mn(m^2 - n^2)\right]$ 会由 9 个不同的数字构成。例如,当 $m = 149, n = 58$ 时,我们得到

$$a = m^2 - n^2 = 149^2 - 58^2 = 17\,284$$
$$b = 2mn = 2 \times 149 \times 58 = 18\,837$$
$$c = m^2 + n^2 = 149^2 + 58^2 = 653\,569\,225$$

这样得到的毕达哥拉斯三元组 (17 284,18 837,653 569 225),其面积为 $\frac{1}{2} \times 17\,284 \times 18\,837 = 162\,789\,354$,其中九个不同的非零数字恰好各出现一次。另一个这样的毕达哥拉斯三元组是当 $m = 224$ 和 $n = 153$ 时,即毕

达哥拉斯三元组(26 767,68 544,73 585),它表示一个面积为 $\frac{1}{2}\times 26\ 767 \times$ 68 544 = 917 358 624 的直角三角形。同样其面积由九个不同的非零数字构成。

有一些毕达哥拉斯三元组,它们所计算的直角三角形的面积将所有十个数字都恰好使用一次。为了得到这些毕达哥拉斯三元组,我们可以使用欧几里得公式在 $m = 666$ 和 $n = 5$ 时,这个毕达哥拉斯三元组(443 531,6660,443 581)表示的三角形的面积为 1 476 958 230,它将十个数字中的每一个都恰好使用了一次。当 $m = 406$ 和 $n = 279$ 时,我们可以得到另一个这样的毕达哥拉斯三元组。这个毕达哥拉斯三元组所对应的直角三角形面积是 9 854 271 630。你们应该能求出这个直角三角形的各边长。

奇趣 7

毕达哥拉斯三元组 (a,b,c) 的另一个性质是 a,b,c 满足以下关系:

$$\frac{(c-a)(c-b)}{2}总是一个完全平方数①$$

让我们对几个毕达哥拉斯三元组试一试这个关系。

对于毕达哥拉斯三元组 $(3,4,5)$,我们发现

$$\frac{(5-3)(5-4)}{2}=\frac{2}{2}=1$$

这是一个完全平方数。

对于毕达哥拉斯的三元组 $(8,15,17)$,我们发现

$$\frac{(17-8)(17-15)}{2}=\frac{9\times 2}{2}=9$$

这是一个完全平方数。

---

① 这一命题的逆命题**不成立**,即,如果 $\frac{(c-a)(c-b)}{2}$ 是一个完全平方数,那么三元组 (a,b,c) 是一个毕达哥拉斯三元组不成立。能说明这一点的一个例子是三元组 $(6,12,18)$,$\frac{(18-6)(18-12)}{2}=36$ 是一个完全平方数,但 $(6,12,18)$ 不是一个毕达哥拉斯三元组。——原注

对于毕达哥拉斯三元组$(7,24,25)$，我们发现

$$\frac{(25-7)(25-24)}{2}=\frac{18\times1}{2}=9$$

这是一个完全平方数。

如果这些还不能让你确信上述关系对所有毕达哥拉斯三元组都成立，那么下面的代数证明应该能做到这一点。再次使用我们可靠的欧几里得公式：$a=m^2-n^2$，$b=2mn$，$c=m^2+n^2$，我们得到

$$\frac{(c-a)(c-b)}{2}=\frac{[(m^2+n^2)-(m^2-n^2)][(m^2+n^2)-2mn]}{2}$$

$$=\frac{2n^2(m-n)^2}{2}=n^2(m-n)^2$$

这是一个完全平方数。

奇趣 8

毕达哥拉斯三元组的性质中还隐藏着另一个奇趣之处：如果我们考虑毕达哥拉斯三元组$(5,12,13)$，并在这个三元组的每个成员前面都加上数字 1，那么我们就得到$(15,112,113)$，这也是一个毕达哥拉斯三元组。据信这是在一个毕达哥拉斯三元组的每个成员的左边放置一个数字可以生成另一个毕达哥拉斯三元组的唯一情况。

奇趣 9

一些对称的毕达哥拉斯三元组也值得强调。其中一种三元组是第二和第三个成员彼此逆序，而第一个成员是一个回文数①。这里有两个这样的三元组：$(33,56,65)$和$(3333,5656,6565)$。你能找到其他的"对称"毕达哥拉斯三元组吗？

还有一些毕达哥拉斯三元组的前两个成员彼此是逆序的，例如$(88\,209,90\,288,126\,225)$。还有更多这样的三元组吗？

奇趣 10

自然地，我们将三元组$(3,4,5)$的每个成员都乘 $11,111,1111,\cdots$ 或

---

① **回文数**是正序或逆序读起来都一样的数，例如 13 531。——原注

乘 101,1001,10 001,…,以此类推,就可以创建出回文毕达哥拉斯三元组。我们得到的毕达哥拉斯三元组是这样的:(33,44,55),(333,444,555),…或(303,404,505),(3003,4004,5005),…

有些毕达哥拉斯三元组包含着多个回文数,例如(20,99,101),(252,275,373)和(363,484,605)。在最后一个例子中,前两个成员是回文数。如表 4.16 所示,这样的例子还有很多。

表 4.16　有一对回文数的毕达哥拉斯三元组

a	b	c
3	4	5
6	8	10
363	484	605
464	777	905
3993	6776	7865
6776	23 232	24 200
313	48 984	48 985
8228	69 696	70 180
30 603	40 804	51 005
34 743	42 824	55 145
29 192	60 006	66 730
25 652	55 755	61 373
52 625	80 808	96 433
36 663	616 616	617 705
48 984	886 688	888 040
575 575	2 152 512	2 228 137
6336	2 509 052	2 509 060
2 327 232	4 728 274	5 269 970
3 006 003	4 008 004	5 010 005
3 458 543	4 228 224	5 462 545

a	b	c
80 308	5 578 755	5 579 333
2 532 352	5 853 585	6 377 873
5 679 765	23 711 732	24 382 493
4 454 544	29 055 092	29 394 580
677 776	237 282 732	237 283 700
27 280 108 272	55 873 637 855	62 177 710 753
300 060 003	400 080 004	500 100 005
304 070 403	402 080 204	504 110 405
276 626 672	458 515 854	535 498 930
341 484 143	420 282 024	541 524 145
345 696 543	422 282 224	545 736 545
359 575 953	401 141 104	538 710 545
277 373 772	694 808 496	748 127 700
635 191 536	2 566 776 652	2 644 203 220
6 521 771 256	29 986 068 992	30 687 095 560
21 757 175 712	48 337 273 384	53 008 175 720
30 000 600 003	40 000 800 004	50 001 000 005
30 441 814 403	40 220 802 204	50 442 214 405
34 104 840 143	42 002 820 024	54 105 240 145

奇趣 11

任何一对毕达哥拉斯三元组 (a,b,c) 和 (p,q,r) 都可由以下等式联系在一起：$(c+r)^2-(a+p)^2-(b+q)^2=x^2$，其中 x 是一个整数。让我们尝试将这个关系应用于两个毕达哥拉斯三元组。我们将选择以下两个毕达哥拉斯三元组：$(7,24,25)$ 和 $(15,8,17)$。

应用这一关系，我们得到

$$(25+17)^2-(24+8)^2-(7+15)^2=42^2-32^2-22^2$$
$$=1764-1024-484=256=16^2$$

你可能想知道这种关系对于其他毕达哥拉斯三元组是否也成立。是的,同样成立。

奇趣 12

有一些毕达哥拉斯三元组带来的奇趣是这样的:除了一个令人惊讶的不同寻常的数字之外,别无其他。有一个这样奇趣的毕达哥拉斯三元组是$(693,1924,2045)$,它的面积正好是 666 666。

奇趣 13

将圆周率值①的前 9 位分成三个一组考虑:$(314,159,265)$。在后两个三位数中间插入数 212 构成了毕达哥拉斯三元组$(159,212,265)$。这个新引入的数 212 与 666 的商给出了 π 的一个很好的近似值,即 $\dfrac{666}{212}=$ 3. 141 509 433 962 26。

奇趣 14

在高中数学,我们学习另一种类型的数,称为虚数,或者其更一般的形式,称为复数。复数由实部和虚部组成,形式为 $a+bi$。

这里 a 是实部,b 是虚部,其中 $i=\sqrt{-1}$。然后我们可以得到 i 的幂:

$$i^2=-1,i^3=-i,i^4=1,i^5=i,i^6=-1,i^7=-i,i^8=1,\cdots$$

现在我们整理了我们对复数性质的理解,接下去就可以将其应用于毕达哥拉斯三元组了。

奇异的是,我们可以在复数与毕达哥拉斯三元组之间建立一种完全出乎意料的联系。这种联系是,一个复数的平方总是会产生一个毕达哥拉斯三元组的两条直角边。让我们看看这是如何产生的。我们可以首先考虑复数 3+2i。将该数平方:

$$(3+2i)^2=3^2+12i+4i^2=9+12i-4=5+12i$$

现在,请注意 5 和 12 是毕达哥拉斯三元组$(5,12,13)$的两条直角边。

---

① 请回忆一下,圆的周长与其直径之比的值是 π = 3. 141 592 653 589 79…——原注

我们将再次应用这一技巧。这次我们从复数 5-6i 开始。将这个复数平方得到

$$(5-6i)^2 = 5^2 - 60i + 36i^2 = 25 - 60i - 36 = -11 - 60i$$

这给出了毕达哥拉斯三元组 $(11, 60, 61)$ 的两条直角边。

你可能想知道为什么总是会这样，因为复数从表面上看起来似乎与毕达哥拉斯三元组毫无关系。我们可以通过考虑一般情况 $a+bi$ 来解开这个谜团。我们将这个数平方：$(a+bi)^2 = (a^2-b^2) + 2abi$。现在，这看起来应该有点眼熟了。是的，它与生成毕达哥拉斯三元组的欧几里得公式具有相同的形式。

我们记得欧几里得公式 $(a^2-b^2)^2 + (2ab)^2 = (a^2+b^2)^2$，它的两条直角边就如同上述复数的平方。

奇趣 15

作为毕达哥拉斯三元组的最后一个奇趣之处，我们发现甚至有一种系统性的方法可以用来确定毕达哥拉斯三元组成员（无论是直角边还是斜边）某给定次数的最小的数。例如，仅在一个毕达哥拉斯三元组中出现的最小的数是 3，数字 4 也仅在一个毕达哥拉斯三元组中出现，但它不是最小的数——3 是最小的。数字 5 是仅在两个毕达哥拉斯三元组中出现的数中最小的：一次是在 $(5, 12, 13)$ 中作为直角边，一次是在 $(3, 4, 5)$ 中作为斜边。仅在三个不同的毕达哥拉斯三元组中出现的最小的数是 16。它出现的三个毕达哥拉斯三元组：$(12, 16, 20)$，$(30, 16, 34)$ 和 $(63, 16, 65)$。请注意，16 不可能是斜边的长度。要使一个数能够成为斜边，它必须至少有一个形式为 $4n+1$ 的素因数。数字 5 是一个这种形式的素数（$4 \times 1 + 1$），而数字 16 没有这种形式的素因数[①]。表 4.17 列出了可确定毕达哥拉斯三元组成员给定次数的最小自然数。你会看到数字 40 是恰好为八个毕达哥拉斯三元组成员的最小的数。在这八个毕达哥拉斯三元组中，数字 40 在其中七个三元组中是一条直角边，在一个三元组中是斜边，这个三元组是 $(24, 32, 40)$。

---

① 16 的素因数是 $2 \times 2 \times 2 \times 2$。——原注

表 4.17　可用于表示直角三角形一边特定次数的最小的数 *n* 的列表

n 可担任直角三角形一边的次数	*n*	*n* 是直角三角形一条直角边的次数	*n* 是直角三角形斜边的次数
1	3	1	0
2	5	1	1
3	16	3	0
4	12	4	0
5	15	4	1
6	125	3	3
7	24	7	0
8	40	7	1
9	75	7	2
10	48	10	0
11	80	10	1
12	72	12	0
13	84	13	0
14	60	13	1
15	32 768	15	0
16	192	16	0
17	144	17	0
18	524 288	18	0
19	384	19	0
20	640	19	1
21	9375	16	5
22	168	22	0
23	120	22	1
24	300	22	2
25	1536	25	0
26	520	22	4
27	576	27	0
28	3072	28	0
29	975	22	7

n 可担任直角三角形一边的次数	n	n 是直角三角形一条直角边的次数	n 是直角三角形斜边的次数
30	2 147 483 648	30	0
31	336	31	0
32	240	31	1
33	1 171 875	25	8
34	1500	31	3
35	1040	31	4
36	137 438 953 472	36	0
37	504	37	0
38	360	37	1
39	600	37	2
40	924	40	0
41	420	40	1
42	4608	42	0
43	50 000	38	5
44	780	40	4
45	3456	45	0
46	196 608	46	0
47	9216	47	0
48	16 000	45	3
49	1344	49	0
50	960	49	1
51	250 000	45	6
52	1008	52	0
53	720	52	1
54	1200	52	2
55	3000	52	3
56	2 621 440	55	1
57	36 864	57	0
58	2688	58	0

n 可担任直角三角形一边的次数	n	n 是直角三角形一条直角边的次数	n 是直角三角形斜边的次数
59	1920	58	1
60	15 552	60	0
61	6 291 456	61	0
62	3528	62	0
63	18 446 744 073 709 551 616	63	0
64	1800	62	2
65	121 875	49	16
66	27 648	66	0
67	1848	67	0
68	840	67	1
69	2100	67	2
70	50 331 648	70	0
71	1560	67	4
72	294 912	72	0
73	3024	73	0
74	2160	73	1
75	31 250 000	66	9
76	6000	73	3
77	7680	76	1
78	604 462 909 807 314 587 353 088	78	0
79	1 638 400	77	2
80	8840	67	13
81	286 102 294 921 875	61	20
82	4032	82	0
83	2880	82	1
84	4800	82	2
85	21 504	85	0
86	15 360	85	1
87	7056	87	0

n 可担任直角三角形一边的次数	n	n 是直角三角形一条直角边的次数	n 是直角三角形斜边的次数
88	3 221 225 472	88	0
89	3600	87	2
90	9000	87	3
91	781 250 000	80	11
92	4 718 592	92	0
93	124 416	93	0
94	3696	94	0
95	1680	94	1
96	158 456 325 028 528 675 187 087 900 672	96	0
97	8064	97	0
98	3120	94	4
99	9600	97	2
100	51 539 607 552	100	0

毕达哥拉斯三角形的内切圆半径

另一个与毕达哥拉斯三元组关系密切的数是毕达哥拉斯三角形的内切圆(内切圆是指与三角形的三边都相切的圆)的半径长度。在图 4.4 中作出的三条内切圆半径 r 分别垂直于该直角三角形的三条边。

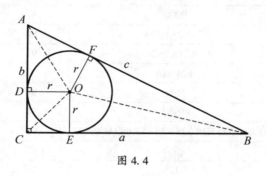

图 4.4

我们可以通过取 $\triangle BOC$、$\triangle AOC$ 和 $\triangle AOB$ 的面积之和来求出 Rt $\triangle ABC$ 的面积,如下所示:

$$S_{\triangle ABC} = \frac{ra}{2} + \frac{rb}{2} + \frac{rc}{2} = r\left(\frac{a+b+c}{2}\right) = rs$$

其中 s 是 $\triangle ABC$ 的半周长(即 $\triangle ABC$ 的周长的一半)。

于是我们可以将 r 表示为 $\frac{S}{s}$ 或 $\frac{2 \times \text{面积}}{\text{周长}}$。我们知道该直角三角形的面积是 $\frac{ab}{2}$,因此 $r = \frac{ab}{a+b+c}$。

我们再次使用求本原毕达哥拉斯三元组($a = m^2 - n^2, b = 2mn, c = m^2 + n^2$)的欧几里得公式。将这些值代入 r 的表达式中的 a、b 和 c,我们得到以下结果

$$r = \frac{(m^2 - n^2) \cdot 2mn}{(m^2 - n^2) + (2mn) + (m^2 + n^2)}$$

$$= \frac{(m^2 - n^2) \cdot 2mn}{2m^2 + 2mn}$$

$$= \frac{(m-n)(m+n) \cdot 2mn}{2m(m+n)}$$

$$= n(m-n)$$

r 的这个公式①告诉我们,因为 m 和 n 是正整数,所以直角三角形内切圆半径总是正整数。如果你查看附录 C 中的本原毕达哥拉斯三元组列表,你就会注意到,对于每个正整数 r,都有一个与之相关的本原毕达哥拉斯三元组。对于 $r>1$ 的每个正整数值,至少有一个与之相关的非本原毕达格拉斯三元组。

既然我们要继续在毕达哥拉斯三元组中寻找模式,那么现在就可以涵盖内切圆半径了。如果我们看一下最初几个奇数内切圆半径及伴随它们的毕达哥拉斯三元组的列表(表 4.18),应该能看到其中逐渐演化出的一种模式。

表 4.18

内切圆半径 r	本原毕达哥拉斯三元组
3	$(7,24,25)$,$(8,15,17)$
5	$(11,60,61)$,$(12,35,37)$
7	$(15,112,113)$,$(16,63,65)$
9	$(19,180,181)$,$(20,99,101)$
11	$(23,264,265)$,$(24,143,145)$
13	$(27,364,365)$,$(28,195,197)$
15	$(31,480,481)$,$(32,255,257)$,$(39,80,89)$,$(48,55,73)$
17	$(35,612,613)$,$(36,323,325)$
19	$(39,760,761)$,$(40,399,401)$
21	$(43,924,925)$,$(44,483,485)$,$(51,140,149)$,$(60,91,109)$
23	$(47,1104,1105)$,$(48,575,577)$
25	$(51,1300,1301)$,$(52,675,677)$

---

① 这个公式可以追溯到中国数学家刘徽,他在公元 263 年的著作中提到了这个公式。——原注

对于每一个取值 $r>2$ 的素数内切圆半径,都会有一个与之相关的本原毕达哥拉斯三元组。在表 4.18 中,我们列出了奇正整数 r,其中四个 r 是非素数(用阴影行表示),它们有两个以上的毕达哥拉斯三元组[①]。对于表 4.18 中列出的那些素数 r,你还会注意到这些毕达哥拉斯三元组的类型也具有一种模式:一个三元组的斜边比较长直角边大 1,而另一个三元组的斜边比较长直角边大 2。在这个毕达哥拉斯三元组的列表中,可以找到更多这样的模式,因为它们与内切圆半径有关。

超越毕达哥拉斯定理

将毕达哥拉斯定理推广到指数大于 2 的情况,这是一个很诱人的想法。换言之,我们是否能找到一个满足等式 $a^n+b^n=c^n$(其中 $n>2$)的正整数三元组 (a,b,c)?尽管费马声称不存在这样的解,但人们还是进行了尝试。费马将他的断言写在他的一本数学书的页边空白处,证明这一断言的艰巨任务困扰了数学家们 357 年。直到 1994 年,怀尔斯(Andrew Wiles)才证明了费马猜想(或众所周知的"费马最后定理")确实是正确的。不过,在加数超过三个数的情况下,我们可以得到一些有趣的类似关系。

$$3^3+4^3+5^3=6^3$$

$$30^4+120^4+272^4+315^4=353^4$$

$$19^5+43^5+46^5+47^5+67^5=72^5$$

$$127^7+258^7+266^7+413^7+430^7+439^7+525^7=568^7$$

$$90^8+223^8+478^8+524^8+748^8+1088^8+1190^8+1324^8=1409^8$$

请注意,在上述每一个求和式中,项数与指数相同。

毕达哥拉斯三元组为找到惊人的数字关系提供了几乎无限多的机会,因此我们鼓励大家去努力寻找。

---

① 根据罗宾斯(Neville Robbins)所指出的,当内切圆半径 r 为奇数时,本原毕达哥拉斯三元组的数量等于 2^r 的不同因数的数量,当 r 为偶数时,本原毕达哥拉斯三元组的数量等于 2^r 的不同因数的数量-1。——原注

第5章 毕达哥拉斯平均值

通常,当我们提到一组数字的平均值时,我们指的是**算术平均值**。也就是说,你要求的"平均值"是这些数的总和除以这些数的个数。在高中,我们通常还会遇到另一种类型的平均值,称为**几何平均值**(有时称为比例中项)。这是在一个比例关系中处于"中项位置"的那个数,如比例 $\dfrac{p}{x}=\dfrac{x}{q}$ 中的 x,此时我们说 x 是 p 和 q 的比例中项。还有另一种很少遇到的平均值,称为**调和平均值**。调和平均值就是所考虑的数的倒数的平均值(算术平均值)的倒数。这三种平均值统称为"毕达哥拉斯平均值",因为人们认为毕达哥拉斯在美索不达米亚逗留期间学会了这些平均值,然后广泛地使用它们。我们早已了解到毕达哥拉斯学派非常关心测量和量的比较,这很可能促使了他们去推广这些平均值度量。即使迟至今日,我们仍有充分的证据表明,巴比伦人已经知道了这些平均值,并在计算中加以运用。

在我们开始对毕达哥拉斯平均值加以研究时,首先考虑可能是最不流行和最常被忽视的平均值——调和平均值,先来讨论它作为一种有用的解题工具时的作用。然后,在正确定义它之后,我们将它与其他更熟悉的平均值进行比较。请考虑以下问题:

瓦格纳先生从纽约开车前往华盛顿，以 60 英里①/小时的平均速率行驶了 240 英里。他在沿同一路线返程时，遇到了恶劣的天气，平均每小时只行驶 30 英里。瓦格纳先生的整个行程的平均速率是多少？

你可能会感到相当惊讶，45 英里/小时**不是**正确答案。45 肯定是 60 与 30 之间的"平均值"（或算术平均值）。然而，比率（在本例中就是速率）不能被视为简单的量。瓦格纳先生以 30 英里/小时的速率行驶的时间是以 60 英里/小时的速率行驶时间的**两倍**。因此，给这两个速率赋予相同的"权重"是不正确的。通过适当调整速率的权重——也就是说，给 30 英里/小时的权重是 60 英里/小时的权重的两倍，就可以得到正确的平均速率：

$$\frac{30+30+60}{3}=40$$

这里 60 是 30 的两倍，而如果一个比率不是另一个比率的倍数，那就很难想象会有这样一个简洁的解答。那样的话，整个行程的平均速率可以通过将行驶的**总距离**（这里是 $2×240=480$ 英里）除以行驶的**总时间**②（这里是 $4+8=12$ 小时）来计算，在本例中所得的商是 40 英里/小时。

现在让我们来考虑一般的情况：求两个速率 r_1 和 r_2 的平均速率，它们经过的距离都是 d③，这样我们就可以建立一个公式。

我们求出每个速率下所需的时间：$t_1=\dfrac{d}{r_1}$ 和 $t_2=\dfrac{d}{r_2}$，总时间 $t=t_1+t_2=$

$d\left(\dfrac{1}{r_1}+\dfrac{1}{r_2}\right)=d\left(\dfrac{r_1+r_2}{r_1 r_2}\right)$。

平均速率 r 由 $\dfrac{2d}{t}$ 确定，

---

① 1 英里 ≈ 1.61 千米。——编注

② 我们发现，纽约到华盛顿是 240 英里，以 60 英里/小时的速率行驶需要 4 小时，而以 30 英里/小时的速度返程，则需要两倍的时间：8 小时。——原注

③ 请回忆一下速率、时间和距离的关系：速率×时间=距离。因此 $r=\dfrac{d}{t}$。——原注

$$r = \frac{2d}{t} = \frac{2d}{d\left(\dfrac{r_1+r_2}{r_1 r_2}\right)} = \frac{2r_1 r_2}{r_1+r_2}$$

这为我们提供了一个用来计算两个给定速率下经过**相等**距离的平均速率公式。观察一下就会发现最后一个表达式$\dfrac{2r_1 r_2}{r_1+r_2}$是 r_1 的倒数和 r_2 的倒数的算术平均值的倒数[①]。这个"平均值"被称为 r_1 和 r_2 的**调和平均值**。

正如算术平均值和几何平均值分别从算术数列(即等差数列)[②]和几何数列(即等比数列)[③]中导出一样,我们现在也可以建立一个调和数列。根据前面对调和平均值的定义,我们发现调和数列的各成员的倒数构成一个算术数列。也就是说,如果 a、b 和 c 构成调和数列,那么$\dfrac{1}{a}$、$\dfrac{1}{b}$ 和 $\dfrac{1}{c}$就构成算术数列。如果我们确定$\dfrac{1}{b}$是$\dfrac{1}{a}$ 和 $\dfrac{1}{c}$的算术平均值,那么 b 就是 a 和 c 的调和平均值。对调和数列的大多数研究是通过首先将其转换为算术数列(通过取每一项的倒数)来完成的,但在某种程度上,这限制了对调和数列的计算。虽然我们有求算术数列之和或几何数列之和的通用公式,但并没有求调和数列之和的通用公式。

上述调和平均值的定义可以扩展到求 3、4 或 n 个数的调和平均值:

---

① 这个有点复杂的陈述可以表示为符号形式 $\dfrac{1}{\dfrac{\frac{1}{r_1}+\frac{1}{r_2}}{2}}$,或者可以看成

$\dfrac{1}{\frac{1}{2}\left(\frac{1}{r_1}+\frac{1}{r_2}\right)}$。——原注

② 算术数列(即等差数列)的各数之间存在一个公差。例如,2,5,8,11,14,…是一个算术数列,因为其各相邻项之差是相同的,都是 3。——原注

③ 几何数列(即等比数列)的各数之间存在一个公比。例如,2,6,18,54,…是一个几何数列,因为其各相邻项之比是相同的,都是 3。——原注

对于数 r 和 s,它们的

$$调和平均值 = \cfrac{2}{\cfrac{1}{r}+\cfrac{1}{s}} = \frac{2rs}{r+s}$$

对于数 r、s 和 t,它们的

$$调和平均值 = \cfrac{3}{\cfrac{1}{r}+\cfrac{1}{s}+\cfrac{1}{t}} = \frac{3rts}{st+rt+rs}$$

对于数 r、s、t 和 u,它们的

$$调和平均值 = \cfrac{4}{\cfrac{1}{r}+\cfrac{1}{s}+\cfrac{1}{t}+\cfrac{1}{u}} = \frac{4rtus}{rst+rut+stu+rsu}$$

对于数 $r_1, r_2, r_3, \cdots, r_n,$,它们的

$$调和平均值 = \cfrac{n}{\cfrac{1}{r_1}+\cfrac{1}{r_2}+\cfrac{1}{r_3}+\cdots+\cfrac{1}{r_n}} = \frac{n(r_1 \cdot r_2 \cdot r_3 \cdot \cdots \cdot r_{n-1} \cdot r_n)}{\sum\limits_{k=1}^{n} r_1 \cdot r_2 \cdot r_3 \cdot \cdots \cdot \hat{r}_k \cdot \cdots \cdot r_n}$$

其中 $\hat{r}_k$ 表示第 r_k 个因子被删去。

调和平均值的部分美妙之处在于,它可以用来计算各种比率的平均值——只要每个比率的基数相同。以下是其应用的两个例子:

1. 丽萨买了三种不同的铅笔,总共花费 2 美元,这三种铅笔标价 2 美分、4 美分和 5 美分。她为每支铅笔所付的平均价格是多少?

2. 7 月,大卫击出了 30 次安打,打击率为 0.300;而在 8 月,他击出了 30 次安打,打击率为 0.400。大卫 7 月和 8 月的打击率是多少?

在这两种情况下,我们都寻求调和平均值来回答问题,因为我们寻求的是平均比率——在第一种情况下是购买的比率,在第二种情况下则是安打的比率——而这两个问题的"基数"都是相同的。

由于调和数列的明显新颖性以及它在射影几何中的应用,因此考虑**调和数列**的几何表示会很有意思。在图 5.1 中,$\triangle BAC$ 的内角平分线 AD 和外角平分线 AE 各自与 BC 的交点 D 和 E 确定了由 BD、BC 和 BE 构成的一个调和数列。为了验证这一点,请考虑 $\triangle ABC$,其中 AD 平分 $\angle BAC$,

AE 平分 $\angle CAF$，B、D、C 和 E 共线。

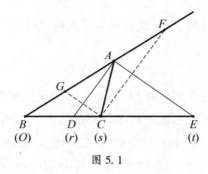

图 5.1

很容易就能证明，对于**外**角平分线 AE，以下比例关系成立：$\dfrac{BE}{CE}=\dfrac{AB}{AC}$①。同理，对于**内**角平分线 AD，我们得到的比例关系为：$\dfrac{BD}{CD}=\dfrac{AB}{AC}$②。因此 $\dfrac{BE}{CE}=\dfrac{BD}{CD}$，或 $\dfrac{CD}{CE}=\dfrac{BD}{BE}$。于是我们说，点 B 和 C 调和分割点 D 和 E。

现在假设 $BDCE$ 是一条数轴，B 为原点，点 D 的坐标是 r，点 C 的坐标是 s，点 E 的坐标是 t。这样我们就可以说 $BD=r$，$BC=s$，$BE=t$。

我们将证明数列 r,s,t 是一个调和数列。

由 $\dfrac{CD}{CE}=\dfrac{BD}{BE}$，得 $\dfrac{BC-BD}{BE-BC}=\dfrac{BD}{BE}$，或 $\dfrac{s-r}{t-s}=\dfrac{r}{t}$

因此 $t(s-r)=r(t-s)$，即 $ts-tr=rt-rs$。将各项都除以 rst，得到 $\dfrac{1}{r}-\dfrac{1}{s}=$

---

① 要证明这一点，我们首先作 $GC\ /\!/\ AE$。有 $\angle EAC=\angle ACG$ 和 $\angle FAE=\angle AGC$，而 $\angle EAC=\angle FAE$，因此 $\angle ACG=\angle AGC$。对于等腰 $\triangle AGC$，$AG=AC$。因此，$\dfrac{BE}{CE}=\dfrac{AB}{AG}=\dfrac{AB}{AC}$。——原注

② 证明这一点的方法是作 $CF\ /\!/\ AD$，然后参照前一个脚注的做法，得到 $AF=AC$；所以 $\dfrac{BD}{CD}=\dfrac{AB}{AF}=\dfrac{AB}{AC}$。——原注

$\dfrac{1}{s}-\dfrac{1}{t}$，这表示 $\dfrac{1}{t}$，$\dfrac{1}{s}$，$\dfrac{1}{r}$ 构成一个算术数列，因为各项之间有一个公差。于是其倒数构成的数列 r,s,t 就构成一个调和数列。

※※※

这些代数概念的几何解释相当迷人，并为毕达哥拉斯平均值提供了一个很好的直观比较。考虑平行于梯形底边并过其对角线交点的线段，其端点在梯形的两条腰上。这条线段 EF（图 5.2）的长度是梯形 $ABCD$ 的上下底 AD 和 BC 长度的调和平均值，其中 $AD /\!/ BC /\!/ EF$，F 和 E 分别是 AB 和 CD 上的点。

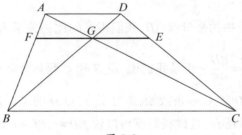

图 5.2

只要进一步利用相似三角形的比例关系，我们就可以证明上述断言是正确的。我们有 $GF /\!/ BC$，于是 $\triangle AFG \backsim \triangle ABC$，因此 $\dfrac{AF}{FG}=\dfrac{AB}{BC}$。同理，由 $GF /\!/ AD$，我们可以确定 $\triangle GBF \backsim \triangle DBA$，因此 $\dfrac{BF}{FG}=\dfrac{AB}{AD}$。将两个等式相加，我们就得到 $\dfrac{AF}{FG}+\dfrac{BF}{FG}=\dfrac{AB}{BC}+\dfrac{AB}{AD}$。而我们注意到 $AF+BF=AB$。

因此，我们可以将左边的两个分式相加得到

$$\frac{AB}{FG}=\frac{AB}{BC}+\frac{AB}{AD}$$

然后通过一些代数运算得到

$$FG=\frac{BC \cdot AD}{BC+AD}$$

用同样的方式,我们得到

$$EG = \frac{BC \cdot AD}{BC + AD}$$

因此

$$EF = FG + EG = \frac{2BC \cdot AD}{BC + AD}$$

这就确定了 EF 是 BC 和 AD 的调和平均值。

这个梯形为我们从几何上比较各毕达哥拉斯平均值的大小提供了一种方便的方法——我们希望这也能令人信服。对于这三种平均值的几何比较,我们将考虑同一个梯形 $ABCD$(如图 5.3 所示)。

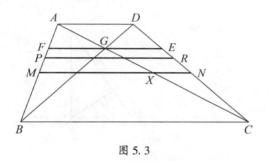

图 5.3

我们将按其大小的升序排列来考虑三种毕达哥拉斯平均值:

■ 正如我们在图 5.2 中已经表明的,EF 是 AD 和 BC 的**调和平均值**。

■ 规定线段 PR 的长度是 AD 和 BC 的**几何平均值**。且线段 PR 平行于底边、端点在两条腰上,因此梯形 $ADRP$ 与梯形 $PRCB$ 相似,通过比较两个相似梯形的对应边可以很容易地证明这一点,即

$$\frac{AP}{PB} = \frac{AD}{PR}, \frac{AP}{PB} = \frac{PR}{BC}, \text{因此} \frac{AD}{PR} = \frac{PR}{BC}$$

这就表明 PR 确实是 AD 和 BC 的几何平均值。

■ 连接梯形 $ABCD$ 的两条腰的中点的线段 MN(即梯形的中位线)的长度是 AD 和 BC 的**算术平均值**。这可以通过相似的 $\triangle AMX$ 和 $\triangle ABC$ 来证明。这给出了比例关系 $\frac{MX}{BC} = \frac{AM}{AB} = \frac{1}{2}$,即 $MX = \frac{1}{2}BC$。同理,因为 $\triangle CNX \backsim$

$\triangle CDA$，我们可以确定 $NX = \dfrac{1}{2}AD$。

因此，$MN = MX + NX = \dfrac{1}{2}BC + \dfrac{1}{2}AD = \dfrac{BC+AD}{2}$，这就表明 MN 是 BC 和 AD 的算术平均值。

在图 5.3 中，我们可以清楚地看到长度 $MN > PR > FE$，这在几何上确定了算术平均值>几何平均值>调和平均值。如果将梯形 $ABCD$ 转换为平行四边形，这些平均值就会彼此相等。

为了更好地比较各毕达哥拉斯平均值(算术平均值、几何平均值和调和平均值)的相对大小，我们将使用图 5.4 中的构图①。

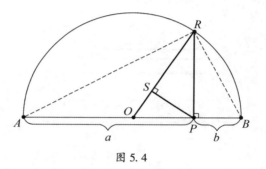

图 5.4

在图 5.4 中找到算术平均值：

考虑图 5.4 中的半圆，其直径为 AB，且 $AO = OB$，$PR \perp AB$。此外还有 $PS \perp OR$。设 $AP = a$，$PB = b$。因 $RO = \dfrac{1}{2}AB = \dfrac{1}{2}(AP + PB) = \dfrac{1}{2}(a+b)$，故半圆的半径 RO 是 a 和 b 的**算术平均值**。

在图 5.4 中找到几何平均值：

考虑 $\mathrm{Rt}\triangle ARB$。由 $\triangle BPR \backsim \triangle RPA$，得到 $\dfrac{PB}{PR} = \dfrac{PR}{AP}$，即 $PR^2 = AP \cdot PB = ab$。因此，$PR = \sqrt{ab}$。于是 $\mathrm{Rt}\triangle ARB$ 斜边上的高 PR 就是 a 和 b 的**几何平均值**。

---

① 这一图形证明归功于亚历山大城的帕普斯(Pappus of Alexandria)。——原注

在图 **5.4** 中找到调和平均值：

考虑 $\text{Rt}\triangle RPO$ 和 $\text{Rt}\triangle RSP$，其中 PS 是斜边 OR 上的高。

由 $\triangle RPO \backsim \triangle RSP$，得到 $\dfrac{RO}{PR}=\dfrac{PR}{RS}$。

因此，$RS=\dfrac{PR^2}{RO}$。

而 $(PR)^2=ab,RO=\dfrac{1}{2}AB=\dfrac{1}{2}(a+b)$

因此，$RS=\dfrac{ab}{\dfrac{1}{2}(a+b)}=\dfrac{2ab}{a+b}$，这就是 a 和 b 的**调和平均值**。

现在来比较各平均值的大小：

直角三角形的斜边是其最长的边,因此：

■ 在 $\text{Rt}\triangle ROP$ 中,斜边 RO 大于直角边 PR。

■ 在 $\text{Rt}\triangle RSP$ 中,斜边 PR 大于直角边 RS。

因此,$RO>PR>RS$。不过,这些三角形可能会发生简并,也就是说,当 $RO\perp AB$（或 $a=b$）时,所有这些线段都重合了,因此我们可以将这一比较扩展如下：$RO\geqslant PR\geqslant RS$。因此,我们就在几何上确定了算术平均值 ≥ 几何平均值 ≥ 调和平均值。

要进一步"定位"算术平均值和调和平均值之间的几何平均值,请回忆一下,前面有 $\dfrac{RS}{PR}=\dfrac{PR}{RO}$。因此,

$$PR^2=RO\cdot RS,\text{ 或 }PR=\sqrt{RO\cdot RS}$$

换言之,几何平均值 $=\sqrt{\text{算术平均值}\times\text{调和平均值}}$,或者说"**几何平均值是算术平均值和调和平均值的几何平均值**"。

用两个"数"从代数上表明算术平均值与几何平均值的比较是非常

简单的①。我们从两个正数 a 和 b 的一个熟知的事实开始：$(a-b)^2 \geqslant 0$，这可以写成 $a^2-2ab+b^2 \geqslant 0$。

在该不等式的两边都加上 $4ab$，得到

$$a^2+2ab+b^2 \geqslant 4ab$$

$$(a+b)^2 \geqslant 4ab$$

$$\frac{(a+b)^2}{4} \geqslant ab$$

取其正平方根得到 $\dfrac{(a+b)}{2} \geqslant \sqrt{ab}$，即算术平均值 $\geqslant$ 几何平均值②。

让我们应用这两个方便的正数 a 和 b 来比较几何平均值和调和平均值。根据我们上面建立的关系 $a^2+2ab+b^2 \geqslant 4ab$，我们可以将其两边都乘 ab，得到以下结果：

$$ab(a+b)^2 \geqslant 4ab \cdot ab$$

因此，$ab \geqslant \dfrac{4a^2b^2}{(a+b)^2}$，即 $\sqrt{ab} \geqslant \dfrac{2ab}{a+b}$，即几何平均值 $\geqslant$ 调和平均值③。

对这些毕达哥拉斯平均值的相对大小进行比较，可以加深你对它们的理解。这些毕达哥拉斯平均值还有一些其他惊人的比较和意想不到的性质，应该会让你对它们所提供的数学之美有一个更深刻的认识。

以下就是这些"有趣的小知识"的集合。附录 B 提供了它们的证明，其中用到的知识都不会超过高中低年级数学。

有趣的小知识 1：

在图 5.5 中，$\overset{\frown}{APB}$ 是一个半圆，PT 与圆 O 相切于点 P。$PC \perp AB$，垂

---

① 使用两个以上的数对这三个平均值在代数上作比较也很有趣。但为了保持讨论这些有趣的（和相关的）毕达哥拉斯平均值的流畅性，我们请对此有兴趣的读者参考附录 B。——原注

② 请注意，如果 $a \neq b$，那么算术平均值＞几何平均值，但如果 $a = b$，那么算术平均值＝几何平均值。——原注

③ 请注意，如果 $a \neq b$，那么几何平均值＞调和平均值，但如果 $a = b$，那么几何平均值＝调和平均值。——原注

足为 C。

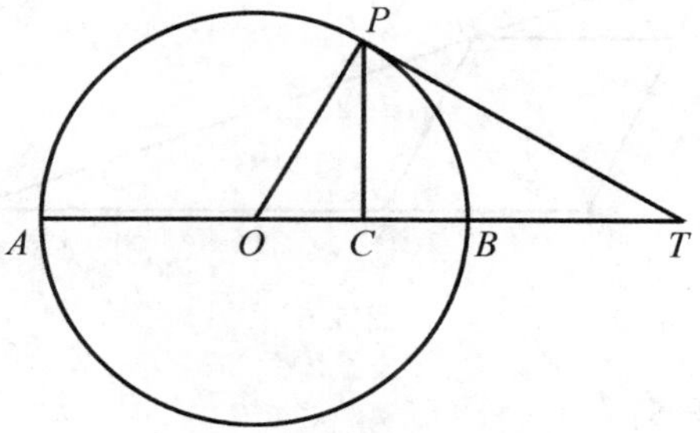

图 5.5

我们可以利用图 5.5 中的图形证明以下关系成立:

TO 是 AT 和 BT 的算术平均值。

PT 是 AT 和 BT 的几何平均值。

TC 是 AT 和 BT 的调和平均值。

然后我们可以证明 $TO \geqslant PT \geqslant TC$。

有趣的小知识 2:

考虑一个给定矩形和一个正方形,对于它们的下列各种情况,有相应的结论:

■ 如果矩形和正方形的**周长相同**,那么正方形的边长就是矩形的长和宽的**算术平均值**。

■ 如果矩形和正方形的**面积相同**,那么正方形的边长就是矩形的长和宽的**几何平均值**。

■ 如果矩形和正方形的**面积与周长之比相同**,那么正方形的边长就是矩形的长和宽的**调和平均值**。

有趣的小知识 3:

一个立方体的顶点数是其边数和面数的调和平均值。

有趣的小知识 4:

在图 5.6 中,P 是 $\triangle ABC$ 的 AB 上的一个点,使得 $MP = NP$,且 $MP \parallel CB$,$NP \parallel AC$。我们可以得出结论:$MP+NP$ 是 AC 和 BC 的调和平均值。

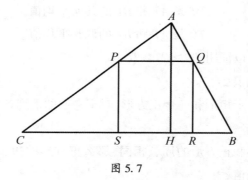

图 5.6

有趣的小知识 5：

在图 5.7 中，正方形 PQRS 的顶点 P 和 Q 分别在 AC 和 AB 上，顶点 S 和 R 在 BC 上。这里，正方形的半周长是 △ABC 的高 AH 和底 BC 的调和平均值。

图 5.7

有趣的小知识 6：

现在你已经对三种毕达哥拉斯平均值有了一定的了解，那么学习其他平均值可能会让你感到更加充实。这些其他类型的平均值包括：

$$a \text{ 和 } b \text{ 的海伦平均值（Heronian mean）：} \frac{a+b+\sqrt{ab}}{3}$$

$$a \text{ 和 } b \text{ 的反调和平均值（contra harmonic mean）：} \frac{a^2+b^2}{a+b}$$

a 和 b 的**二次平均值**(**quadratic mean**)①：$\sqrt{\dfrac{a^2+b^2}{2}}$

a 和 b 的**质心平均值**(**centroidal mean**)：$\dfrac{2(a^2+ab+b^2)}{3(a+b)}$

_____

① 二次平均值有时也被称为均方根。——原注

第6章 调谐心灵：毕达哥拉斯与音乐[①]

　　是什么构成了一个音符？任何有音调的声音都是一个音符吗？这似乎是一目了然的问题，但答案却经不起推敲。首先，在西方音乐史上的不同时期，相同的音高用不同的音名来表示（即巴洛克时期管弦乐队的调音远低于今天的标准 $A=440$ 赫兹）。此外，即使在单一的调音系统中，相同的音高在不同的背景下也可以充当不同的音符。可以通过一个实验来说明这一事实，请哼唱《祝你生日快乐》的旋律。然后，用你唱《祝你生日快乐》的第一个音高开始唱《两只老虎》。这两首曲子都展示在插图的音乐示例 1 中。不过，对于这个实验，你不必阅读乐谱（只要你知道这两首曲子的曲调即可），也不必用我们标记的音高来哼唱这两首曲子（只要你从同一个音高开始唱这两首歌）。

音乐示例 1a（《祝你生日快乐》）

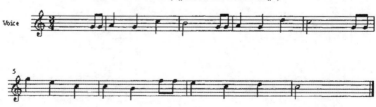

---

①　本章的撰写者是纽约市立大学城市学院的音乐助理教授詹金斯。——原注

音乐示例 1b(《两只老虎》)

请注意,在我们誊写的上述乐谱中,这两首歌都以音高 G 开头(音符记在五线谱从下往上的第二线)。不过,《祝你生日快乐》结束在 C(音符记在五线谱从下往上的第三线),而《两只老虎》结束在与开头一样的 G。然而,在两首曲子结束时,你都不会觉得这首曲子是不完整的。也就是说,这两首歌都结束于这个调的主音音符(主音是给一首曲子一种结束感的**音符**)。在这种情况下,《祝你生日快乐》的主音音符是 C,而《两只老虎》的主音音符是 G。这意味着其中的一首歌(《两只老虎》)以主音音符开头,而另一首歌曲(《祝你生日快乐》)以非主音音符开始,但两者都以音高 G 开头。这应该会让你相信,一个音符(由它在一系列其他音符中的功能来定义)与音高不是可公度的,即使任何给定的音符都必然表现为一个音高。

不过,这一观察结果意味着,在某种意义上,音符之间的关系必须先于任何给定的音符本身(也就是说,独立发挥作用)。每当我们听到一位不太有天赋的业余歌手表演时,就知道确实如此。即使参赛者表演的是一首我们从未听过的歌(因此不知道这首歌"应该"是怎样的),但当这位运气不佳的歌手在音高方面出现问题时,我们也能辨识出来。于是我们就会说这位歌手"跑调了",意思是唱出的音符之间的关系不在我们所认为的一个和谐的音阶上。

音高和音符之间的显著差异引起了音乐理论上的一系列哲学问题。其中,最重要的是,我们如何解释这些使得音高像音符那样实际发挥作用的关系?换句话说,我们是简单地度量音高之间的差异,还是寻求音高本身的一些可度量属性,从而使我们能够确定它们与其他音高之间的关系,进而构成一个音符系统?其实,这可能是音乐理论史上最古老的问题。毕达哥拉斯对这一问题的回答不仅为随后几个世纪大量的音乐理论推测奠定了基础,而且似乎还开创了西方思想史上最早、最具影响力的哲学流派之一。

毕达哥拉斯其人

当然,我们对毕达哥拉斯并没有直接的了解。毕达哥拉斯没有留下任何著作,正如任何经久不衰的思想流派一样,他的追随者无疑在他死后改变和拓展了他的思想。这些变化能使一个思想体系保持活力,并对后世的关注点作出反应,但与此同时,这些变化使得历史学家几乎不可能了解哪些是毕达哥拉斯本人的实际贡献,哪些是后人增加的。毕达哥拉斯出生于公元前6世纪中期,但描述他的哲学的那些最早期著作大多数都成书于公元前5世纪末和公元前4世纪初。更糟糕的是,毕达哥拉斯是一个相当隐秘的偶像崇拜团体的创始人和首领,这使得确定毕达哥拉斯学派的确切教义变得更加困难——事实上,这一团体是如此隐秘,以至于他的追随者宁愿去死也不愿透露毕达哥拉斯学派关于吃豆子的神秘禁令①! 我们对毕达哥拉斯和早期毕达哥斯学派最好的资料来源有三种:(1)像菲洛劳斯②这样的作家,他们似乎是相对严格的毕达哥拉斯学派成员(尽管他们也有自己的关注点和重视点);(2)柏拉图的著作,他显然对毕达哥拉斯学派的成就印象深刻,并在自己的哲学体系中采纳了他们的许多思想;(3)亚里士多德的著作,他写了一整本关于毕达哥拉斯学派的书(现已失传),并在他的许多其他著作中阐述和批判了他们的思想。

然而,缺乏对毕达哥拉斯教义的直接了解并没有妨碍与这位早期哲学家相关的思想显示出极大的影响力。事实上,也许正是毕达哥拉斯的那种神秘的、近乎神话的特质,使他成为从古代已知到现代开端的音乐理论思想的中流砥柱。神话般的毕达哥拉斯是一个强有力的象征,表明人们渴望揭开音乐的秘密,以及音乐与宇宙各构成因素以及人类心灵的内部运作之间的联系。即使在今天,当有人在使用电子调音器来为乐器调音,或者提到一个与不完美和声相对的完美和声时(下文将阐述),毕达

---

① 关于禁止食用豆子的原因,仍然存在着各种不同的说法。——原注

② 菲洛劳斯(Philolaus),希腊哲学家,毕达哥拉斯最著名的学生之一,是最早向公众宣传毕达哥拉斯观点的人。——译注

哥拉斯音乐思想仍然在起作用。在接下来的内容中，我们不能简单地描述历史上毕达哥拉斯的音乐理论思想（这是不可能做到的），而是要追溯在音乐思想史上不同时期被视作毕达哥拉斯学派的思想而被接受的那些思想所带来的影响。

毕达哥拉斯和铁匠铺：音乐思想的起源故事

一天，毕达哥拉斯在散步时碰巧经过一家铁匠铺，几位铁匠正在那里将各种金属块敲打成型。毕达哥拉斯注意到，某些复合音（他认为是协和音程），是由于铁匠们的劳作而产生的。他决定进行一番探究。毕达哥拉斯最初的假设（取决于声源）是声音来自铁砧，因此，他让铁匠们轮换位置。然而，同样的几对铁匠制造出了相同的音程，于是他假设这些声音是由于每个铁匠敲击铁砧的不同力量的结果，因此，他让铁匠们交换锤子。然而，同样的几对锤子制造出了相同的音程。因此，毕达哥拉斯决定称量这些锤子的质量，他发现锤子质量之间的比例产生了特定的音程。

重要的是要认识到毕达哥拉斯的发现依赖于对协和音程的先验**音乐**理解。也就是说，毕达哥拉斯从锤子发出的声音中识别出了某些音乐上的协和音程，**然后**确定了物理原因。他并不是先选择了一些数学上令人满意的关系，然后在此基础上决定将这些声音标记为协和音程（这与某些现代评论家所断言的情况相反）。这一事实意义重大，因为它表明了毕达哥拉斯的思想轨迹不是从某种关系在数学上的简单性到符合这种简单性的物理现象，而是从物理现象到可以解释它们的最简单数学解释。

在这个故事的标准版本中，毕达哥拉斯发现，被称为八度的音程是由2：1的比例产生的，希腊人称之为双倍比。也就是说，当第一个锤子与第二个锤子同时敲击时（第一个锤子的质量是第二个锤子的两倍），产生的声音就是一个八度。八度是一种非常特殊的音程关系。如果你坐在键盘乐器（如一架钢琴）前，你从中央 C 开始，只演奏白键，那么你将从 C 经过 D、E、F、G、A 和 B，然后再回到 C。这个 C 与原来的 C 既不同又相似。我们听到这两个不同的音高在某种程度上是同一个**音符**（正如我们上文中所看到的，这个音符确切是什么要取决于音乐背景），但它们在不同的音域中——第二个音比第一个音高。托勒玫后来注意到了这种相同的性质，他把相隔八度的音高称为**同音**（*homophone*）。八度的特殊性质至今仍然是音乐理论的重要关注点，并且会在接下来的叙述中发挥重要作用。

毕达哥拉斯认识到，五度音程是由两个质量比为 3：2 的锤子产生的，希腊人称之为 hemiolic①。例如，这是 C 与上面的 G 之间的音程。毕达哥拉发现，四度音程是由两个质量比为 4∶3 的锤子产生的，希腊人称之为 epitritic。这是 C 与其上的 F 之间或 G 与其上的 C 之间的音程。如果我们现在考虑所有的锤子，最重的锤子产生最低的音高，那么我们可能会得出以下结果：

锤子 1＝12 个单位；锤子 2＝6 个单位；

锤子 3＝4 个单位；锤子 4＝3 个单位。

因此，这组锤子产生的音高比例就会是 12∶6∶4∶3。如果我们将最低音（锤子 1）产生的音符指定为中央 C（c1），那么锤子 2 就会产生比它高八度的音（c2），锤子 3 就会产生高于后一个 C 的 G（g2），锤子 4 就会产生高于这个 G 的 C（c3）。讲得清楚些：

12∶6可简化为 2∶1⇒八度 c1 到 c2

6∶4可简化为 3∶2⇒五度 c2 到 g2

4∶3已是最简形式⇒四度 g2 到 c3

此外：

12∶4（锤子 1 和锤子 3）可简化为 3∶1⇒八度加五度 c1 到 g2

12∶3（锤子 1 和锤子 4）可简化为 4∶1⇒双八度 c1 到 c3

这里我们给出了毕达哥拉斯学派认为是协和音程的所有音程（也就是说，这些音符的所有可能的组合都会被认为是悦耳的、相对稳定的）：四度（4∶3）、五度（3∶2）、八度（2∶1）、八度加五度（3∶1）和双八度（4∶1）。

尽管我们随机地选择了从低音到高音的排列，但我们也可以很容易地改为从另一个方向开始。也就是说，从最轻的锤子开始，现在将其表示为 1 个度量单位，我们就可以得到 c3。下一个锤子会给我们低一个八度的 c2，第三个锤子会产生 f1，比第二个锤子低一个五度。最后一把锤子会产生 c1，比前一把锤子低一个四度。现在总的比例是 1∶2∶3∶4，或者说与 12∶6∶4∶3 正好颠倒，因为只要我们把各项颠倒过来，就能得到相同的

---

① hemiolic 一词与我们的音乐术语赫米奥拉（hemiola）相关，这个术语一般是指 3 对 2 的节奏。——原注

比例。(正如我们将在下一节中看到的那样,这两种比例都没有被毕达哥拉斯学派明确阐述。然而,所有后来的阐述——也就是那些包含一些特定数的阐述——都是人们为了解决他们那个时代所关心的问题而设计的,因此我们没有真正的理由认为他们的安排优于我们的安排。)

我们现在可以进行一些观察。在这个系统中,只有两种比例可有协和音程:表示为 $xn:n(2:1;3:1;4:1)$ 的倍比和表示为 $n+1:n(3:2;4:3)$ 的超特比。倍比和超特比因其相对简单而受到青睐。毕达哥拉斯学派认为,美应该容易被察觉到,简单的关系比复杂的关系更容易被察觉到。但很明显,仅说协和音程是由倍比和超特比产生的是不够的,否则 7:6 就应该会产生一个协和音程,而事实并非如此。因此,这里必定有另一个因素在发挥作用。

请注意,这些比例(最简形式)中涉及的数是 1、2、3 和 4。这些数相加之和是 10。毕达哥拉斯学派认为 10 这个数是一个尤其特殊的数。10 的特殊之处部分是因为,可以说一切从这里重新开始。此外,10 的特殊之处还在于毕达哥拉斯学派理解数字的方式。毕达哥拉斯学派通过将鹅卵石排列成特定的形状来表示数字,而这些形状事实上是数字含义的一部分。10 这个数是按照以下模式排列的,这种模式被称为四列十全(tet-raktys of the decad):

$$O$$
$$O \quad O$$
$$O \quad O \quad O$$
$$O \quad O \quad O \quad O$$

因此,四列十全构造了(或者更好的说法是"它就是")一个等边三角形(每边四个单位),毕达哥拉斯学派称之为三角形数。更重要的是,从上往下,四列十全显示了从单位逐步转换到三维空间,这是毕达哥拉斯思想的核心:1 表示一个点(没有维度的位置);2 表示绘制一条直线所需的两点(有长度,但没有宽度或深度);3 能画出一个三角形平面(有长度和宽度,但没有深度);最后 4 表示占据三维空间的第一个立体形。因此,对于毕达哥拉斯学派来说,协和音程的和谐就映射了物质世界的形成。

正如我们已经看到，并且在下文中将更详细看到的，毕达哥拉斯学派认为一个数本身就是一个实际的事物，而**不是**实际事物的度量或表示。声音在某种意义上**就**是数，而不仅仅是可以用数来表示的事物。对于毕达哥拉斯学派的许多成员来说，声音具有一种量级，正是这种量级揭示了它们的本质。对于我们一开始的问题，即我们是简单地度量音程还是音高本身这个问题，这种理解提供了一个临时的答案。对于毕达哥拉斯学派来说，音高本身具有数的性质，或者说就是数。

尽管毕达哥拉斯到访铁匠铺的故事发人深省，但它实际上是建立在糟糕的科学基础上的。不同质量的物体（例如，使弦绷紧的重物）产生的协和音程并**不会**符合上述比例，铁匠铺的故事在关于声音的物理学方面是错误的。不过，在古希腊，毕达哥拉斯在他的演示中更可能使用的不是锤子，而是弦的长度，而弦的长度会产生上述比例。换言之，如果你有一根绷紧的弦会产生音高 c1，那么你在这根弦的下方放置一个琴马，把它分成两半，然后拨动它，那么你就会听到比空弦高一个八度的音高 c2。这一点很容易在任何吉他上演示出来。毕达哥拉斯本人很可能使用了（也可能发明了）我们所说的单弦琴——只有一根弦绷紧在一块木板上，可以在这块木板上进行测量。

然而，铁匠铺故事背后这个难以忽视的错误，并不意味着我们不应该去理会这个广为流传的故事。这个故事的现存版本中有一个重要的夸张桥段。传奇故事中的毕达哥拉斯并**没有**用弦进行实验。他只是在散步时，在铁匠铺看似嘈杂的气氛中**识别**出了有序性。事实上，波伊提乌斯在《音乐入门》一书所记录的故事版本中，有一把五度的锤子，它没有与任何其他四度的锤子一起创造出协和音程。当毕达哥拉斯意识到是哪一把锤子在捣乱后，就把它扔到了一边，然后继续他的研究。至少可以说，这是一个很能说明问题的细节。在严肃的音乐思考的一开始，不协和音就被认为是真正理解音乐的障碍，必须控制、管理或干脆抛弃。不仅对于毕达哥拉斯而言，也是对于直到 20 世纪初的几乎所有西方音乐思想家而言，音乐都是基于协和音的稳定性和有序性。所有表面上的混乱、所有的不协和音，都必须被归入协和音之下，或者更好的做法是，正如某些文艺复兴理论家后来所说的那样，都必须**还原为**（来自拉丁语 *reducere*，意为"回到"）协和音。因此，我们可以看到，对于毕达哥拉斯和他的知识传承者（几乎我们所有人都是他的知识传承者）来说，关于声音的**物理学**是多么容易变成关于音乐的**形而上学**。

毕达哥拉斯的发现与古希腊音乐体系

更细心的读者应该会提出一些问题。有一个问题涉及毕达哥拉斯故事的明确描述中所使用的那些确切数字,如果它们不是 1:2:3:4或 12:6:4:3的话,那会怎样?毕竟,这些数字有着一些不可否认的好处。它们包含了所有可能的毕达哥拉斯协和音程(包括八度加五度和双八度),并且它们也没有引入任何毕达哥拉斯学派**不**认为是协和音的音程。如果不是这些数字,那么后来的毕达哥拉斯学派成员更喜欢哪些数字?那又是为什么?第二个问题涉及不同音程的名称。例如,我们会说 3:2这个比例产生的协和音程是一个五度音程,或者希腊人所说的 *diapente*,意为"通过五个",为什么会这样说?通过五个什么?为什么 4:3这个比例产生一个四度音程,或者叫作 *diatessaron*?为什么 2:1这个比例产生一个八度音程,或者希腊人所说的 *diapason*("通过所有")?

这些问题的答案可以在古希腊音乐体系中找到。这一古老的音乐体系与我们现在的体系在很多重大的方面相去甚远,因此,即使当前的音乐理论有相当全面的背景知识,此时也几乎没有什么帮助。古希腊音乐体系的基础是四音音阶,也就是一组四根弦。外侧的两根弦是固定的(这意味着它们总是处于不变的关系),但内侧的两根弦可以根据所演奏乐曲的音级关系而有所不同。

我们现在可以看出四度的来源:"通过四"指的是四音音阶的四个音符从最低到最高的音程。对于毕达哥拉斯学派来说,四度的外延会被扩大到 4:3的比例。内部音符将根据音级关系的不同而改变它们的音调。有三种音级关系:全音、半音和等音。全音四音音阶由一个半音和两个全音组成。就我们的音符系统而言,如果我们仅用钢琴的白键,那么四音音阶将由 B C D E 或 E F G A 组成。这是因为 B 和 C 之间的音程以及 E 和 F 之间的音程是半音,而所有其他相邻音符之间的音程都是全音。这就是为什么当你去看一架钢琴时,就会发现 B 和 C 之间或 E 和 F 之间没有黑键,因为这些音符只有一个半音相隔。

古希腊的半音与我们现在的半音概念不同。在古希腊的这一音级关系中,四音音阶仍然只有四个音符,但会将它们调谐为前两个音程是半音,最后一个音程大致相当于我们所说的小三度。因此,一个半音四音音阶会由我们可能认为的 B C C# E 组成。请注意,B 到 E 的框架关系会保持不变。等音也同样包含四个音符,但其排列是两个四分之一音和一个大致相当于我们的大三度的音程。我们关于音高的一般想法使我们无法简单地将这一音级关系表示出来,但它由我们可能认为的 B、B 之上四分之一音、B 之上四分之一音的再之上四分之一音(基本上等同于我们 C)和 E 组成。同样,一个四度的框架(比例 4∶3)将保持不变。

古希腊人似乎将他们的调音系统想象成一架多弦的里拉①。里拉的某些音符是固定的(比如我们的四音音阶的框架是一个四度),而其他音符则根据音级关系而变化。希腊人用四音音阶的连接构造出他们自己的体系。四音音阶可以用一种连接的方式组合起来(即一个四音音阶的最高音弦与下一个四音音阶的最低音弦相同),也可以用一种分离的方式组合起来(即各四音音阶不共享任何一根弦,而是彼此相距一个音调)。例如,一个人可以将我们的四音音阶(简单起见假设为全音四音音阶)与另一个四音音阶以如下连接方式结合起来:

B C D **E** F G A

其中较大的粗体字母代表固定的音符。

我们可以更容易地将其形象地表示如下:

第一个四音音阶

B C D **E**

E F G **A**

第二个四音音阶

请注意这两个四音音阶之间的重叠。它们共享调为 E 的弦。

分离的连接看起来如下所示:

---

① 里拉(lyre)是古希腊的一种竖琴。——译注

第一个四音音阶	第二个四音音阶
E F G **A**	**B** C D **E**

这里没有任何共享的弦。将第一个四音音阶的最高音(A)和第二个四音音阶的最低音(B)分开的音被称为"分离音"。

分离音是怎么调的？回到我们之前的问题，毕达哥拉斯的发现在后来的描述(如伊提乌斯提供的描述)中所使用的实际数字是多少？要回答这个问题，先请注意，通过组合四音音阶，我们已经将可用的音程类型扩展到了四度的框架限制之外。事实上，如果你看一下我们的四音音阶的分离组合的那个例子中突出表示的音符，就会发现从 E(第一个四音音阶的最低音)到 B(第二个四音音阶的最低音)之间，或者从 A(第一个四音音阶的最高音)到 E(第二个四音音阶的最高音)之间，存在着一个五度音程，或者叫 diapente(即"通过五根[弦]")。实际上，在同一个音级关系的两个四音音阶(这里是全音四音音阶)的分离组合中，第二个四音音阶中的每个音符都比第一个四音音阶中对应的音符高一个五度。

全音是在分离音的基础上定义的。也就是说，全音被定义为从一个五度(3:2)中减去一个四度(4:3)之后余下的数。音调相减对应比例相除，而相除可以转换为交叉相乘，因此我们得出以下结果：

$$五度 - 四度 = (3:2)/(4:3) = (3×3):(4×2) = 9:8$$

因此，整个音调的毕达哥拉斯比是 9:8，希腊人称之为 epogdoic 比。(请注意，9:8 是一个超特比，但它**不**产生协和音程。毕达哥拉斯学派的成员对这一事实给出如下解释：它的各比例项已超出了四列十全中包含的数。)那么，这就使我们可以非常清楚地看到四音音阶的度量。其框架是一个四度 4:3，每个全音是 9:8。因此，当你用四度减去两个全音时，余下的就是半音(半音不是简单的全音音程的一半，因为在数学上不可能将比例 9:8 等分)。因此：

$$四度 - 两个全音 = (4:3)/(81:64)(两个全音之和①) = 256:243$$

169

---

① 原文如此。——编注

因此,毕达哥拉斯半音是 256:243。毕达哥罗斯的追随者菲洛劳斯(Philolaus)等人将这一音程称为 diesis,柏拉图和其他评论者将其称为 leimma。因此,全音四音音阶(从低到高)由一个毕达哥拉斯半音和在一个四度(4:3)框架内的两个全音组成。

鉴于我们现在知道铁匠铺故事中所使用的实际数字,现在我们已经准备好来迎接最后的结果。至迟从菲洛劳斯开始,甚至在他之前,人们为毕达哥拉斯的发现在希腊调音体系中的呈现提供了一个固定音符的框架。因此,据说这些锤子的比例如下(具有最多质量单位的锤子,发出听起来最低的音符):

锤子 1(12 单位):锤子 2(9 单位):锤子 3(8 单位):铁锤 4(6 单位)

即,12:9:8:6

在这一呈现形式中,这些音符的框架是一个八度音程,即锤子 1 与锤子 4 之间的 12:6 可化简为 2:1。锤子 1 与锤子 2 之间以及锤子 3 与锤子 4 之间的音程为一个四度,12:9 和 8:6 均可化简为 4:3。锤子 1 与锤子 3 之间以及锤子 2 与锤子 4 之间的音程为一个五度,12:8 和 9:6 均可化简为 3:2。最后,9:8 的比介于锤子 2 和锤子 3 发出的声音之间。因此,如果我们使用锤子 1 来产生音高 c1,就会得到以下阵列:**c1 f1 g1 c2**。这似乎就是那些最早描述毕达哥拉斯发现的权威们所期望的阵列,最早也许可以追溯到恩披里克(Sextus Empiricus)①。

但为什么是这样的构形呢?我们最初的阵列有许多奇妙的优势。它不仅只包括协和音程,而且包括**所有**的毕达哥拉斯协和音程!现在的这个比例(12:9:8:6)没能包括双八度(4:1)和八度加五度(3:1),**而且**它包括了一个实际上的不协和音程(9:8)!然而,这一特定比例所实现的是对调谐体系布局的一个清晰描绘。

让我们来仔细观察一下表 6.1。它代表古希腊音乐理论中所谓的大完美体系(对于我们的目的而言,我们不必关注小完美体系)。第一列列出了这个体系中的四个四音音阶(虚线包围的是同时包含在两个相邻四

①　恩披里克(Sextus Empiricus),公元 2 世纪中后期的希腊怀疑派哲学家。——译注

音音阶中的弦）。第二列列出了这些弦的希腊名称（将这个系统想象成一把大里拉琴），第三列表示古希腊的弦与我们的音符名称之间的近似关系①。不要被这些词吓倒，这只是根据弦在四音音阶中的位置来命名它们。（它们也有一点酷。）

从顶部开始，我们发现外四音音阶（tetrachord hyperbolaion）由以下四根弦组成：外低音（nete hyperbolaion）、外次音（paranete hyperbolaion）、外三音（trite hyperbolaion）和断低音（nete diezeugmenon）。因此，从这个四音音阶的最低到最高音符，我们发现了一个四度（4:3）。下一个四音音阶是断四音音阶（tetrachord diezeugmenon），由下列弦组成：断低音（nete diezeugmenon）、断次音（paranete diezeugmenon）、断三音（trite diezeugmenon）和次中音（paramese）。请注意，外四音音阶与断四音音阶共享一根弦（即断低音），因此是连接的四音音阶。

171

表 6.1　大完美体系

外四音音阶	外低音	A	一个四度（4:3）			一个八度（2:1）
	外次音	G				
	外三音	F				
断四音音阶	断低音	E		一个四度（4:3）		
	断次音	D				
	断三音	C			一个五度（3:2）	
	次中音	B				
中四音音阶	中音	A	一个四度（4:3）			一个八度（2:1）
	中示音	G				
	中次音	F				
	中高音	E		一个四度（4:3）		
高四音音阶	高示音	D				
	高次音	C				
	高音	B				
	补音	A				

下一个四音音阶是中四音音阶（tetrachord meson），它包含下列弦：中音（mese）、中示音（lichanos meson）、中次音（parhypate meson）和中高音

---

① 请注意，这些音符的名称只是近似准确，而且仅适用于全音音级关系。——原注

（hypate meson）。请注意，中四音音阶与断四音音阶不共享任何弦，因此是分离的。最后，高四音音阶（tetrachord hypaton）包含下列弦：中高音（hypate meson）、高示音（lichanos hypaton）、高次音（parhypate hypaton）和高音（hypate hypaton）。高四音音阶与中四音音阶共享中高音（hypate meson），因此是连接的四音音阶。在这个体系的底是一根不属于任何四音音阶的弦：补音（proslabanomenos），加上补音以后，整个体系就跨越了两个八度音阶（最大的毕达哥拉斯协和音程）。

现在仔细观察这个大完美体系的中心部分，特别是位于中心位置的那两个四音音阶（中四音音阶和断四音音阶），只注意固定的音符（粗体）。从中四音音阶的最低音符到断四音音阶的最高音符是一个八度音程。每个四音音阶的跨度分别是一个四度。从中四音音阶最低的弦到断四音音阶最低的弦是一个五度音程，这两个四音音阶的最高音符之间的音程也是五度。最后，中四音音阶的最高音（A）与断四音音阶的最低音（B）之间的音程是一个全音（即 9∶8）①。这当然是因为这些**弦**是真正被算入而发生的。

如果你发现你有点迷失在古希腊弦名的字母迷雾中了，不要担心。这里的重要元素是体系中央部分的音程安排。即使你没有理解以上叙述中的所有细节，现在也能明白为什么毕达哥拉斯学派将比例定为 12∶9∶8∶6。它解释了三个主要协和音程（八度、五度和四度）之间的比例，**并**将它们呈现在大完美体系中央部分的固定音符的排列中（从而明确地指定了分离音的音程为 9∶8）。因此，这些作者声称毕达哥拉斯"发现"的不仅仅是协和音程的比例，还有希腊音调体系的正确顺序——去中心地带走走也不错！不过，正如我们看到的，对于毕达哥拉斯及其追随者来说，这几乎不是这一发现的主要价值。事实上，严格说来，毕达哥拉斯学派对于作为人类实践的音乐并不那么感兴趣。他们的兴趣严格地在于，对于**和谐**这一更大的哲学概念，对协和音程和音乐和谐性的观察可以告诉我们什么。

---

① 请注意，对于那些不熟悉音乐的读者来说，这意味着一个五度加上一个四度等于一个八度（就像 5+4＝8）！——原注

和谐在宇宙中无所不在,它将万物联系在一起,使我们能够理解世界以及我们周围的事物,并保持我们的身体与心灵之间的关系。

冲突的和谐:音乐与毕达哥拉斯宇宙

毕达哥拉斯的音乐发现证实了,或者说是开启了更深层次的毕达哥拉斯式的洞察:宇宙和宇宙中的一切都可以用数字来解释。毕竟,如果不是协和音程背后的那些数字比例,那会是什么让它们如此吸引人?改变比例,和谐就会变得不和谐。此外,对于毕达哥拉斯学派来说,协和音程是一种非常特殊的现象。格拉撒的尼科马霍斯(Nicomachus of Gerasa)是一位热忱的毕达哥拉斯主义者。他提出了一个吸引人且极具影响力的主张,即协和音程是两个声音融合成的一个整体,而不协和音程的各组成音符则保持其完整性。因此,不协和音程是一种形而上的虚无(这强化了上述观察结果,即对不协和音程即使不是完全加以否定,也需要小心处理)。不过,协和音程是将不同的东西融合在一起,或者正如后来音乐理论家们所说的——*discordia concors*(多样性构成的和谐)。

那么,如果不是一种类似于产生音乐协和音程的现象,是什么使行星保持在它们的轨道上?是什么将物质组织起来?是什么维持着交替的季节?是什么控制着心灵和身体的相互作用?这就是毕达哥拉斯学派的"和谐"一词的最终含义——将所有事物联系在一起的基本数字秩序。

对于毕达哥拉斯学派来说,存在的终极背景概念是无限和极限。极限是使混乱变得有序的东西。正是因为极限具有令事物变得有序的能力,我们才能够存在,才拥有了可靠的感知,才拥有了准确的知识。这里说的知识指的是秩序体系本身的知识,而这一秩序体系被视为真理。毕达哥拉斯对音乐的数学秩序的洞察似乎使他在任何地方都能感知到数学的秩序。

因此,毕达哥拉斯学派成员是阿波罗神的虔诚信徒也就不足为奇了(事实上,毕达哥拉斯的一些追随者相信他是北方的阿波罗化身)。阿波罗是秩序和理性之神。阿波罗的神庙里刻有诸如"遵守极限"和"慎勿过分"等格言。他是希腊人所称的**理性**(**logos**)之神或拉丁语中所称的**比例**(**ratio**)之神。这些是众所周知难以翻译的术语,但它们涵盖了一系列含义,包括"可理解的、可度量的、理性的和确定的"。理性与事物之间以及部分与整体之间的比例有关。

对于毕达哥拉斯来说,宇宙是基于理性的——它的理性是由数字保证的。因此,毕达哥拉斯学派的菲洛劳斯在其著作的一个著名片段中宣称,所有已知和可知的事物都有着数字。事实上,他接下去还坚持说,不具有数字的事物是完全不可知的。毕达哥拉斯本人可能是使用宇宙(*kosmos*)一词来表达有序宇宙概念的第一人。宇宙在希腊语中是一个很难翻译的术语,它意味着由这样的秩序所产生的完善、恰如其分和优美的一种结合。正如音乐的和谐来自数学的秩序,现存的宇宙也是如此。事实上,一些毕达哥拉斯学派成员竟然还提出了一个假想的天体,称为"反地球"(Counter-Earth),从而使天体的数量达到四列十全:天球(恒星所附着的宇宙最外层)、太阳、月亮、水星、金星、火星、木星、土星、地球和反地球。

这些天体之间的关系有赖于协和音程或大完美体系中发现的相同比例关系。这是一个经常被称为"天球的和谐"的概念。一些毕达哥拉斯学派成员认为,这种宇宙的和谐实际上是可以听到的。我们之所以没有注意到这一点,要么是因为它太柔和了(其他毕达哥拉斯学派成员基于天体的巨大尺寸而摒弃了这个想法),要么是因为我们太习以为常了。事实上,毕达哥拉斯学派的成员们认为,一旦你对宇宙有了一个更高的理解,最终就会听到宇宙的音乐。

逐渐意识到宇宙的和谐,也意味着你逐渐意识到你的身体与心灵之间的和谐。正如柏拉图在他的那部艰深但值得一读的论著《蒂迈欧篇》(*Timaeus*)中试图证明的那样,将宇宙联系在一起的那些基本比例也就是构成我们灵魂的比例。这是因为,对于柏拉图和比较正统的毕达哥拉斯学派成员来说,宇宙就是一个灵魂——被称为世界灵魂——而我们每个人的灵魂只是这个大灵魂的一部分。这揭示了毕达哥拉斯学派关心这些看似深奥的问题的原委。与许多古希腊人一样,毕达哥拉斯学派相信"同类相知"这一格言。不过,他们并不像其他许多希腊思想家那样解读这句格言。例如,品达①对这句话给出了一个相当标准的解释,他宣称凡夫俗

---

① 品达(Pindar),古希腊抒情诗人。——译注

子应该将自己局限于凡俗的想法，而不应该关注不朽、终极真理和宇宙的组织等概念。然而，毕达哥拉斯学派却不这么认为。

根据毕达哥拉斯学派的观点，人是物质（身体）和神性（灵魂）的混合物。虽然身体是凡俗的，但灵魂却不俗。个体灵魂参与了世界灵魂的永恒。世界灵魂就**是**与其组织（即宇宙）相关的知识体。因此，毕达哥拉斯学派并不认为"同类相知"这句格言暗示着一种极限或停滞的感觉。相反，他们对这一说法持有一种动态的概念。我们不是局限于我们本性中凡夫俗子的一面，对神性的参与使我们能够超越这一面。因此，通过了解宇宙、灵魂、美德和音乐背后的秩序，我们就会**增强**自己本性中神性的部分，我们会更了解自己。有人声称，是毕达哥拉斯提出了"哲学"一词，而毕达哥拉斯相信，我们的救赎之路是通过理解而建立的，我们的知识使我们有可能与神同化。

音乐直接参与了人类的进步，因为音乐不仅仅提供对宇宙的描绘，还帮助那些陷入放荡状态的灵魂得到"重新调谐"。因此，据说毕达哥拉斯仅仅通过以特定的时间间隔播放音乐，就治愈了酗酒、麻风病和过度愤怒。由此看来，音乐疗法比我们许多人所认识到的要古老得多。

因此，音乐、算术、几何和天文学被毕达哥拉斯学派认为是密切相关的，应该就不足为奇了。哲学家波伊提乌斯（Boethius）提出了"四艺"一词来解释这四种数学科学。算术处理的是数字本身，也就是处理数量或多少，几何处理的是平面、立体形或大小（体积），音乐处理的是符合一些关系（比例）的数字，而天文学则处理一些运动中的数量（例如旋转的星座）。波伊提乌斯将音乐研究分为三个部分：宇宙的音乐（研究天球的和谐、季节的变化等）、人类的音乐（研究灵魂与身体之间的关系）以及声音的音乐。其中只有最后一个部分与我们今天所说的音乐有关。事实上，前两个部分几乎与声音没有任何关系——这表明了对波伊提乌斯来说，音乐不一定是声音，也可以是可度量事物之间的关系。

波伊提乌斯还将参与音乐的人分为三类：表演者（基本上就是一个过度受制于身体的奴隶，做别人要求的事情）、作曲家（对音乐有直观的理解，但缺乏实际知识）、真正的音乐家（理解音乐研究中固有的各种关系，并知道这些关系如何映射到灵魂和宇宙)。因此,在波伊提乌斯看来,真正的音乐家并不演奏,也不一定要作曲,真正的音乐家是那些**懂得其中之道**的人。把这个告诉你的音乐家朋友们!

毕达哥拉斯与后来的音乐思想

毕达哥拉斯关于音乐的思想并没有随时间简单地消退。事实上，毕达哥拉斯的信仰在文艺复兴时期和现代早期经历了一场值得注意的复苏——尤其是在费奇诺①、梅森②和弗拉德③等人的著作中；这些作者都信奉某种形式的天球和谐。不过，被毕达哥拉斯的思想迷住的那些音乐理论家们，却由于后来的音乐实践的迫切需要，被迫改变了某些观念。最重要的是，音乐家们不再把音程限制在八度、五度、四度、八度加五度和双八度。这些音程（以及有些争议的八度加四度）现在被认为是**完全**协和音（提醒我们想起它们的古老起源以及它们之间比例的相对简单性），而作曲家通过使用**不完全**协和音来丰富他们作品的音乐结构，即三度和六度（包括大三度、小三度和大六度、小六度）④。

不完全协和音的加入在实践和理论两方面都引起了困难。从实用主义的角度来看，通过严格的毕达哥拉斯式度量得出的大三度的比例会是81:64（由两个毕达哥拉斯全音之和得出——9:8+9:8=81:64）。这是一个相当刺耳的音程，这些音符似乎让文艺复兴时期的人感到相距有点太远了。然而，如果要改变大三度以使其更加悦耳，就会产生不同大小的全音。我们在福格里亚诺⑤的著作中发现对这一困难的解决方案，这种方案更著名的出现在扎里诺⑥的那部广为流传的《和声基本原理》（*Le istitutioni*

① 费奇诺（marsilio ficino），文艺复兴时期的意大利哲学家。——译注
② 梅森（Marin Mersenne），法国数学家、修道士。——译注
③ 弗拉德（Robert Fludd），英国医学家、哲学家。——译注
④ 八度加四度的问题在于它的比例是8:3，这既不是倍比，也不是超特比。因此，尽管通常认为加一个八度不会改变一个音程的音质，但在这种情况下，将一个八度与一个四度相加会产生一个在数字上不协和的比例，但听起来像一个协和的比例。这样的认识并没有阻止早期毕达哥拉斯学派对协和音的理解，反而证实了他们的信念，即理性不应该受制于感官的欺骗性！——原注
⑤ 福格里亚诺（Giacomo Fogliano），文艺复兴时期的意大利作曲家、管风琴家、大键琴演奏家和音乐教师。——译注
⑥ 扎里诺（Gioseffo Zarlino），文艺复兴时期的意大利音乐理论家和作曲家。——译注

harmoniche)中。扎里诺提出了以下调音体系,他声称该体系源于托勒玫提出的调音选项之一(从而保留了其古老的可信性),称为"谐音全音"。

C		D		E		F		G		A		B		C
	9:8		10:9		16:15		9:8		10:9		9:8		16:15	

这个调音体系具有以下优点:C 到 F 和 G 到 C 是完美的四度(4:3);C 到 G 和 F 到 C 是完美的五度(3:2);所有的三个大三度(C 到 E、F 到 A 和 G 到 B)都具有令人愉悦的比例 5:4;三个小三度中的两个(A 到 C 和 B 到 D)也具有令人愉悦的比例 6:5。该系统唯一真正的欠缺是 D 和 F 之间的小三度保持 32:27 的比例(比 6:5大一个音差①——大 81:80),D 和 A 之间的五度具有比例 40:27(比 3:2大一个音差)。

请注意,扎里诺调音体系中的最佳音程如下:

八度——2:1

五度——3:2

四度——4:3

大三度——5:4

小三度——6:5

到目前为止,这些都是超特比(除了倍比 2:1),就像在毕达哥拉斯的协和音概念中一样。不过,这些比例的组成部分并不局限于前四个数。相反,这些比例是由前**六**个数组成的。此外,扎里诺提出了一个相当毕达哥拉斯式的论点,以证明偏离四列十全的合理性。扎里诺指出,数字 6 是第一个**完美**数,完美数是一个数的所有因子(不包括这个数本身)之和恰好等于它本身的数,如下所示:6 的因数是 1、2 和 3,而 1+2+3 = 6。

由于毕达哥拉斯学派必然会认同音乐源自数字的完美,因此扎里诺关于协和音由第一个**完美**数的各部分所限定的主张,似乎胜过了毕达哥拉斯学派对四的偏好。因此扎里诺用他所说的 *senario*(以六为基础的数)取代了四列十全,并对其意义提出了许多与毕达哥拉斯学派对四的宇

---

① 音差(comma)是指较小的音高差,在这里指 81:80 的音高差。——译注

宙意义相同的宇宙主张。

扎里诺意识到,这一变动并没有让他摆脱所有的困难。大六度和小六度也曾被认为是协和音,但在扎里诺的调音体系中,它们的比例并不像其他协和音那么简单。大六度的比例是 5:3——这两个数字都在 *senario* 的范围内,但这不是一个超特比(也不是一个倍比),更麻烦的是比例为 8:5的小六度。这个比例不仅不是超特比,而且它的组成部分中还包括数字 8,而 8 不在 *senario* 的范围内。扎里诺解决这一困境的方法是,他声称 8 虽然**实际上**在 *senario* 的范围之外,但潜在地在 *senario* 的范围之内。为了证明这个看似荒谬的论点,他引用了亚里士多德强有力的哲学论证,但这完全是另一个故事了。

文艺复兴末期,伽利莱(Vicenzo Galilei,著名数学家和发明家伽利略的父亲)通过一项实验证明,铁匠铺故事的那个最典型版本完全是错误的。大多数权威人士断言,毕达哥拉斯在观察了铁匠铺里的锤子后,在家里用弦悬挂了与这些锤子相同比例的重物进行实验。因此,据推测,他能够重新创造出相同的协和音。这个实验本应证明协和音就**是**某些数字关系的结果。伽利莱亲自尝试了一下,发现一个完美的五度(若考虑到弦长则为 3:2)需要质量之比为 9:4;一个八度所需的质量之比为 4:1;而一个四度则对应为 16:9。换言之,当用悬挂在弦上的质量产生各音程时,必须将比例的各部分取平方。当用空腔(如风琴管)的体积产生各音程时,必须将比例的各个部分取立方。

对伽利莱而言,这就意味着发声物体的某种度量所产生的比例与这些发声物体发出的实际音程之间没有始终如一的和必然的关系。因此,在伽利莱看来,从古代到扎里诺的所有的数值理论都只是夸夸其谈而已。

尽管如此,数字从音乐理论中被驱逐出去的时间也不会太长(即使我们真的可以声称它们曾经被驱逐过的话)。事实上,就是伽利莱的儿子在确定以下事实中发挥了不可或缺的作用:音高是由声音的频率产生的,并且这种频率是可以度量的。但更重要的是索沃尔(Joseph Sauveur)在 1701 年发表的对泛音列的发现。这个现象导致了一个发声物体不仅以给定的频率(称为基频)振动,还以该频率的两倍、三倍等频率振动。这

导致了一根被调音到频率为 110 赫兹的弦,即一根音高为 A 的弦,能产生以下音程模式:

A2(110),A3(220),E4(330),A4(440),C#5(550),E5(660)

　　大多数人都认为,人类的听觉一般不能超过第五泛音(即第六分音)。对声音的物理学的这种洞察表明,八度之所以会被认为如此特殊,是因为**每当**我们听到一个清晰的音调时,都在某种程度上听到了八度。五度(另一个非常重要的音程)也出现在泛音列中(A 之上的 E)①。最后,请注意,前六个分音产生一个大三和弦(A C# E)。扎里诺已经注意到了大三和弦具有极其重要的意义,他称之为"完美的和谐"。

　　不过,随着音乐从旧的调式组织体系转向我们现在所说的**调性**组织体系,大三和弦将从一个非常特殊的声音转变为整个体系的基础。因此,早期最重要的调性理论家拉莫(Jean-Philpe Rameau)将大三和弦称为"自然的和弦"。当然,到了历史上的这一时期(18 世纪初),我们与毕达哥拉斯最初的音乐及协和音概念已经相距很远了。不过,这仍然揭示了现代调性组织体系的基础仍然得益于毕达哥拉斯学派的洞察力,是他们觉察到协和音现象背后的一些隐藏的秩序。从一种非常真实的意义上来说,当涉及音乐时,我们仍然属于毕达哥拉斯学派。

---

① 请注意,四度并不出现在基音正上方。因此,对于理论家和实践者来说,四度总是一个令人不安的协和音,这也许就可以理解了。例如,在两声部对位中,四度音程被视为必须要解决的一个不协和音。——原注

第7章 分形艺术中的毕达哥拉斯定理[①]

在第二次世界大战期间,一位受雇于德国人的荷兰工程师悄悄地花时间追求着他对几何绘图的兴趣。博斯曼(Albert E. Bosman)在他设计潜艇的同一块画板上,追求着更为抽象的构形。他在各直角等腰三角形的各边上作正方形,并在好奇心的驱使下进行了以下研究:扩展这个图案,在正方形上放置新的三角形,然后在三角形上再放置正方形,以此类推,那会产生什么样的图形。他不断地扩展这个图案,直到图案在他那张60厘米乘85厘米的画纸上变得过于复杂和细小。

博斯曼没有意识到他已经为现在被称为"毕达哥拉斯树"的这一类新分形奠定了基础。分形几何当时还处于萌芽阶段,要到几十年后随着计算机的出现才能达到现在的普及程度。由于分形是无休止重复的图形,博斯曼需要手绘几天才完成的工作,在计算机的帮助下,可以在几分钟内以更高的精度完成。

博斯曼的画出现在他1957年出版的《平面中的几何:一个神奇的研究领域》一书中,然后出现在荷兰杂志《毕达哥拉斯》(*Pythagoras*)1962年

[①] 本章的撰写者是中密歇根大学的两位助理教授:迪亚斯博士(Dr. Ana Lúcia B. Dias)和德梅耶特博士(Dr. Lisa DeMeyer)。——原注

的一期上。这幅画不仅影响了其他艺术家,如佛兰德斯裔比利时画家德·
梅伊(Jos De Mey),也影响了那些对分形感兴趣的艺术家。

毕达哥拉斯树

虽然不同的分形各有各的特征,但有两个概念是所有分形共有的:**自相似性**和**递归性**。获得分形的方法是对我们称为"种子"对象的一个初始图形应用某条选择规则,然后在生成的各图形(或"输出")上递归地重复这一过程(或规则)。结果得到的图形将呈现某种程度的自相似性:每当我们放大生成图形的不同部分时,都会看到整个图形的各缩小的复本。

毕达哥拉斯树是从一个经典图形获得的分形,我们之前看到过这个用于展示毕达哥拉斯定理的图形:一个直角三角形,在其各边上作正方形(图 7.1)。这个熟悉的图形被用作产生分形的"种子"或"第 0 阶段"。

图 7.1　毕达哥拉斯树的第 0 阶段

我们用于生成这个分形的规则如下：在每一个较小的正方形（在原直角三角形的直角边上的正方形）上，我们作两个正方形，在它们的公共顶点处构成直角。它们会以原三角形的各边所构成的相同角度放置在正方形上，从而构造出与原始图形相似的复本。这一过程可以通过两种方式实现——我们可以保持各角的原始位置，也可以将它们互换（图 7.2）。无论选择哪一种方式，分形的构造都要通过重复所选定的过程继续下去。

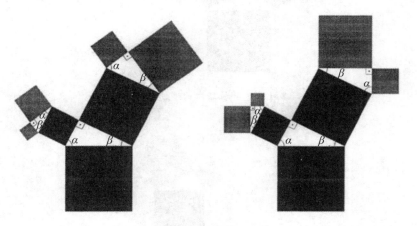

图 7.2　毕达哥拉斯树的构造过程有两种可能的方式：在左图中，三角形的各角保持其相对位置。在右图中，各角的位置交替，也就是说，较小的三角形是原三角形的反射缩小版

如果我们选择保持各角的原始排布，结果就会得到一棵"叶片茂密"的毕达哥拉斯树。如果我们选择在每次迭代时交替各角的位置，会得到完全不同的结果。于是这棵树就会像一棵针叶灌木。图 7.3 和图 7.4 分别显示了多叶毕达哥拉斯树和灌木毕达哥拉斯树构造的第二阶段。

根据原始构形中锐角的大小不同，生成的树看起来可能会很不一样。图 7.5 和图 7.6 显示了两棵不同的多叶毕达哥拉斯树，其中一棵的直角三角形中的锐角为 53° 和 37°，另一棵设置为 62° 和 28°。图 7.7 和图 7.8 显示了设置相同角度得到的灌木毕达哥拉斯树。

毕达哥拉斯树的面积是多少？让我们把第 0 阶段中的那个三角形斜边上的正方形面积作为我们的面积单位。因此，在这一构造阶段，该分形

图 7.3　多叶毕达哥拉斯树构造过程的第 2 阶段

图 7.4　灌木毕达哥拉斯树构造过程的第 2 阶段

图 7.5　多叶毕达哥拉斯树构造过程的第 7 阶段。
各直角三角形中的锐角为 53° 和 37°

图 7.6　多叶毕达哥拉斯树构造过程的第 7 阶段。
各直角三角形中的锐角为 62° 和 28°

图 7.7　灌木毕达哥拉斯树构造过程的第 7 阶段。各直角三角形中的锐角为 53°和 37°

图 7.8　灌木毕达哥拉斯树构造过程的第 7 阶段。各直角三角形中的锐角为 62°和 28°

的面积是 2——因为根据毕达哥拉斯定理,直角三角形直角边上的两个正方形的面积相加,就等于斜边上的正方形的面积(图 7.1)。第一次迭代为这一结构添加了四个正方形(图 7.2)。应用毕达哥拉斯定理,我们发现它们的面积加起来等于 1 个单位。一般而言,构造过程中的第 n 次迭代产生 2^{n+1} 个正方形,它们的总面积皆为 1。因此,这棵树的面积似乎是无限增大的。然而,迟早会有一些正方形开始重叠,究竟多久后重叠,取决于构造过程中使用的角度。

特别是,如果原始三角形是一个等腰直角三角形,那么直到第三次迭代(图 7.9)都不会发生重叠。从那次后,这棵树既"向内"生长,也"向外"生长。但正如博斯曼所注意到的那样,这个分形永远不会超过一个确定的矩形边界。例如,如果我们从一个斜边长度为 1 个单位的等腰直角三角形开始,就可以看到该分形在其构造过程的任何阶段都会被限制在一个 4 乘 6 的矩形内(图 7.10)。这表明它的面积不会超过 24 个平方单位,因此是有限的。这是分形的反直觉性质之一。尽管它们是通过一个无限继续的过程获得的,却可能具有有限的面积。

图 7.9　用等腰直角三角形构造的毕达哥拉斯树的前三次迭代。请注意,到这一阶段还没有发生重叠

图 7.10　这里的网格显示这棵毕达哥拉斯树的面积不超过 24 个平方单位(图中最大的那个的正方形的面积为 1 个平方单位)

一种新的分形

在第 2 章的图形证明 18 中，我们使用图 7.11 中的图形给出了毕达哥拉斯定理的一个巧妙证明。我们当时是从全等 $Rt \triangle ABC$ 和 $Rt \triangle DGC$ 开始的，其中 $AC = GC$，并将它们放置成如图 7.11 所示的那样。

这个图形为我们提供了一种新的分形结构的灵感。我们将从一个不等腰的直角三角形开始我们的分形。我们的"生成规则"（即生成分形的规则）将包括生成图 7.11 中的图形的相同过程，但接下去还有一个步骤。我们将去除该图形中间的四边形（$GEFC$），只留下图中的三个较小的直角三角形。图 7.12 展现了这一过程。

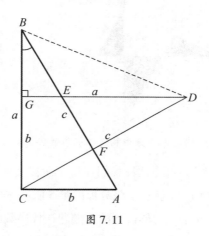

图 7.11

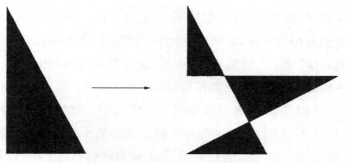

图 7.12　分形构造过程的第 0 阶段和第 1 阶段

现在,我们将同一过程应用于这个图形中的所有直角三角形。该分形构造过程的下一阶段如图 7.13 所示。

图 7.13　分形构造过程的第 2 阶段

为了获得该分形的后续阶段,我们在每个阶段要对所有直角三角形重复这一生成过程。图 7.14 显示了该分形的第 5 阶段,这是使用三边为 8、15 和 17 的三角形作为原始三角形得到的。随着迭代次数的增加,得到的图形变得越来越复杂精细,形成了一个美丽的图案,就像一群飞行的鸟。

请注意,在图 7.14 中,我们使用了(8,15,17)三角形(因此两个锐角的大小分别为 61.93°和 28.07°),两个三角形有一个小的重叠,这种重叠会转移到后续阶段(见图 7.15)。不过,这并没有减弱自相似性,因为在分形的不同部分仍然可以看到原始图形的复本。

如果我们改变原始直角三角形的锐角大小会发生什么? 图 7.15、7.16 和 7.17 展示了该分形的三种不同形式的第 5 阶段构形,每种形式使用不同的原始三角形。它们表明,两个锐角的差异越大(也就是说,三角形越偏离等腰三角形),分形中出现的重叠就越多。

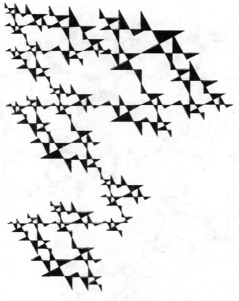

图 7.14　经过 5 次迭代后的分形。原始三角形为(8,15,17)

图 7.15　两个锐角分别为 24°和 66°时,分形构造过程的第 5 阶段

图 7.16　两个锐角分别为 30°和 60°时,分形构造过程的第 5 阶段

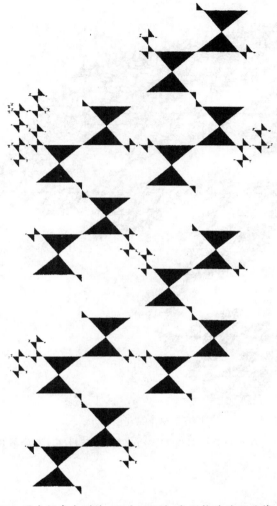

图 7.17　两个锐角分别为 40° 和 50° 时，分形构造过程的第 5 阶段

　　如果继续构建这些分形，我们就会更直观地发现，原始直角三角形的两个锐角的微小变化将导致分形的整体外观发生巨大变化。图 7.18、图 7.19 和图 7.20 是与图 7.15、图 7.16 和图 7.17 中相同分形的第 8 阶段构形。请记住，我们所做的仅仅是在第 0 阶段使用了不同的角度。但是，随着我们执行越来越多次迭代，微小变化的影响会累积起来，很快就会导致产生的图形看起来甚至都不属于同一分形家族。

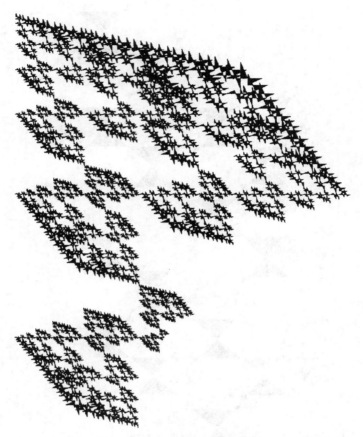

图 7.18　两个锐角分别为 24°和 66°时,分形构造过程的第 8 阶段

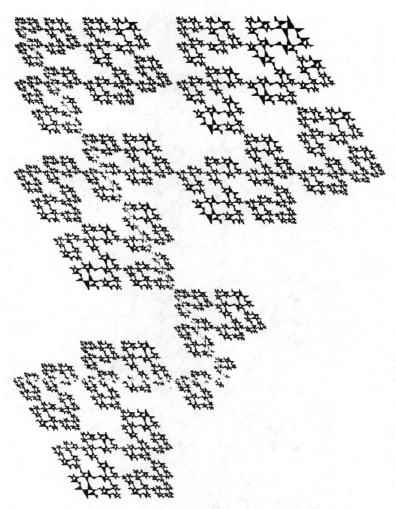

图 7.19　两个锐角分别为 30°和 60°时,分形构造过程的第 8 阶段

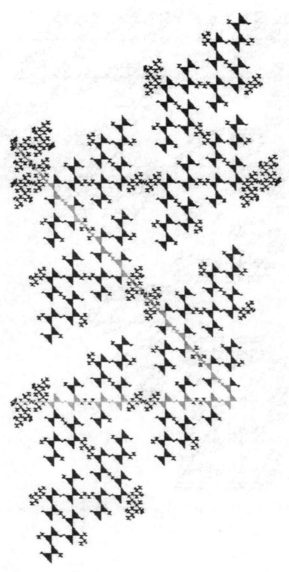

图 7.20　两个锐角分别为 40°和 50°时,分形构造过程的第 8 阶段

　　这些分形的面积和周长也显示出一些有趣的性质。为了理解在我们用这些图形一次又一次地重复或迭代这一生成过程时究竟发生了什么,我们首先要仔细观察每一次迭代都发生了什么。

首先让我们注意到,图 7.12 所示的过程是将一个直角三角形转换成三个相似三角形。原始三角形与新的那些三角形之间的相似比①是多少?

让我们使用如图 7.21 中所示的标记。由于三边为 j、k 和 l 的三角形与三边为 a、b 和 c 的原始三角形相似,因此它们的对应边成比例:

$$\frac{j}{a} = \frac{k}{b} = \frac{l}{c}$$

同理,边 m、n 和 o 也分别与 a、b 和 c 成比例:

$$\frac{m}{a} = \frac{n}{b} = \frac{o}{c}$$

此外还有 p、q 和 r:

$$\frac{p}{a} = \frac{q}{b} = \frac{r}{c}$$

利用这些比例和图 7.21 中所示的那些关系,我们可以求出相似比为 $\frac{b-a}{b}$、$\left(\frac{c}{b} - \frac{a}{c}\right)$ 和 $\frac{a}{c}$。

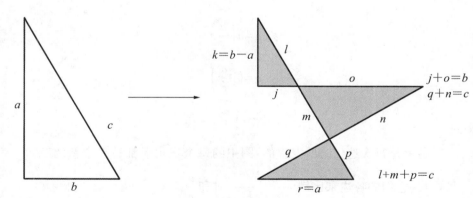

图 7.21

———————

① 相似比是用一个三角形的任意边除以相似三角形中的对应边得到的商。——原注

具体来说,边 j、k 和 l 分别可以由原始三角形的各对应边乘 $\dfrac{b-a}{b}$ 得到:

$$j=a\left(\frac{b-a}{b}\right)$$

$$k=b\left(\frac{b-a}{b}\right)$$

$$l=c\left(\frac{b-a}{b}\right)$$

边 m、n 和 o 分别可以由原始三角形的各对应边乘 $\left(\dfrac{c}{b}-\dfrac{a}{c}\right)$ 得到:

$$m=a\left(\frac{c}{b}-\frac{a}{c}\right)$$

$$n=b\left(\frac{c}{b}-\frac{a}{c}\right)$$

$$o=c\left(\frac{c}{b}-\frac{a}{c}\right)$$

最后,边 p、q 和 r 分别可以由 a、b 和 c 乘 $\dfrac{a}{c}$ 得到:

$$p=a\left(\frac{a}{c}\right)$$

$$q=b\left(\frac{a}{c}\right)$$

$$r=c\left(\frac{a}{c}\right)=a$$

这就是每次迭代时所发生的:图中的每个三角形都被三个新的三角形取代,它们的各边乘比例 $\dfrac{b-a}{b}$、$\left(\dfrac{c}{b}-\dfrac{a}{c}\right)$ 和 $\dfrac{a}{c}$。

因此,周长一开始是 $a+b+c$,在下一阶段为 $j+k+l+m+n+o+p+q+r$,或者使用我们刚刚求得的那些关系可表示为:

$$(a+b+c)\left[\frac{b-a}{b}+\left(\frac{c}{b}-\frac{a}{c}\right)+\frac{a}{c}\right]$$

上式可简化为：

$$(a+b+c)\left(\frac{b-a}{b}+\frac{c}{b}\right)=(a+b+c)\left(\frac{b-a+c}{b}\right)$$

因此我们看到周长以比例 $\left(\dfrac{b-a+c}{b}\right)$ 增长。

如果我们设 P_n 是该分形在第 n 阶段的周长，我们就有：

$$P_n=P_{n-1}\left(\frac{b-a+c}{b}\right)$$

也就是说，某一阶段的周长总是等于前一阶段的周长乘 $\left(\dfrac{b-a+c}{b}\right)$。

例如，当我们使用三角形 $(3,4,5)$ 作为"种子"时，就有

$$P_0=a+b+c=3+4+5=12$$

$$P_1=P_0\left(\frac{b-a+c}{b}\right)=12\times\left(\frac{4-3+5}{4}\right)=12\times\frac{3}{2}=18$$

$$P_2=18\times\frac{3}{2}=27$$

以此类推。

表 7.1 显示了该分形前 12 个阶段的周长值。

表 7.1

阶段(n)	周长(P_n)
0	12
1	18
2	27
3	40. 5
4	60. 75
5	91. 125
6	136. 6875
7	205. 0313
8	307. 5469
9	461. 3203
10	691. 9805
11	1037. 9707
12	1556. 9561

我们可以看到，随着我们执行多次迭代，周长将无限增加。

这个分形的面积从第 0 阶段的 $\dfrac{ab}{2}$ 开始（因为可以将边 a 视为底，边 b 视为高），在第 1 阶段变成：

$$\frac{jk}{2}+\frac{mn}{2}+\frac{pq}{2}$$

即

$$\left(\frac{ab}{2}\right)\left[\left(\frac{b-a}{b}\right)^2+\left(\frac{c}{b}-\frac{a}{c}\right)^2+\left(\frac{a}{c}\right)^2\right]$$

如果我们设 A_n 是该分形在第 n 阶段的面积，我们就有：

$$A_n=A_{n-1}\left[\left(\frac{b-a}{b}\right)^2+\left(\frac{c}{b}-\frac{a}{c}\right)^2+\left(\frac{a}{c}\right)^2\right]$$

对于源自三角形 $(3,4,5)$ 的这个分形，该表达式变成：

$$A_n=A_{n-1}\left[\left(\frac{4-3}{4}\right)^2+\left(\frac{5}{4}-\frac{3}{5}\right)^2+\left(\frac{3}{5}\right)^2\right]=A_{n-1}\times0.845$$

这表明，面积在每个阶段都要乘一个在 0 到 1 之间的因子，因此每个阶段的面积都会减小，并趋向于零（表 7.2）。

因此，对于这个数学对象，我们得到了另一个反直觉的性质：在极限情况下，这种分形有无限的周长，但面积有限①。

表 7.2

阶段(n)	面积(A_n)
0	6
1	5.07
2	4.2842
3	3.6201
4	3.0590
5	2.5848

① 原文"面积为零"有误。——编注

阶段(n)	面积(A_n)
6	2.1842
7	1.8456
8	1.5596
9	1.3178
10	1.1136
11	0.9410
12	0.7951

在本章中，我们只使用了前面的两种构形，并用它们构造了毕达哥拉斯分形的画廊。最值得注意的是，在生成分形中哪怕只有最微小的调整——三角形方向的改变，或者角度的微小变化——在无限重复的情况下，这些调整会不断升级，会产生全然不同的整体结果，有时甚至会产生令人惊叹的外观。

本书其他地方用来证明毕达哥拉斯定理的种种图形都为构造出美丽的结果提供了巨大的潜力。凭借创造力和适当的计算机程序，读者若勇于探索，就能制作出具有惊人外观和性质的画面。即使没有电脑，只要有耐心和艺术天赋也会让你创造出令人着迷的图案，正如博斯曼和德·梅伊的作品所证明的那样。灵感来源于我们思考直角三角形各边上的正方形时发现的那些性质。正是这些性质，自古以来毕达哥拉斯和许多人都为之深深着迷。

总结与反思

现在，我们已经从许多不同的角度探索了毕达哥拉斯定理，重要的是要认识到，与数学领域中的其他任何定理相比，这条定理为更多的人打开了数学研究的大门。尽管我们可能永远无法完全确定历史上是谁最早发现了这条定理，但它名义上的发现者仍然是毕达哥拉斯。

这条定理所呈现的美取决于观看者的感知。那些痴迷于几何关系的人永远不会停止对这条著名定理的巧妙直观证明的追逐，它们似乎激励着那些全身心投入的人去寻找其他这样的直观证明。一些更加引人注目的图形证明已经被发现，希望读者继续寻找能给出这条光辉定理的其他几何关系。

对于那些崇尚数字关系的人来说，毕达哥拉斯定理提供了大量与其他看似无关的数学定理、模式和公式之间的数字联系。其中一是众所周知的斐波那契数列，正如我们前文中提到过的，这个数列完全独立于毕达哥拉斯定理，但可以证明它与毕达哥拉斯定理之间存在着联系。我们希望再次为读者打开一扇大门，去发现毕达哥拉斯定理的其他数字关系。

从艺术的角度来看，毕达哥拉斯定理产生了分形的一个分支，它除了具有严肃的数学意义外，还为许多人提供了美学上的愉悦。这些分形提供了一种有趣的规律艺术形式，唤起了意想不到的视觉乐趣。

毕达哥拉斯学派的研究涉及许多领域，包括数学和数学以外的领域。

他们追求"集中趋势"（central tendency）的各种度量。这些集中趋势的度量（我们称之为平均值）在我们对当今世界的定量理解中起着重要作用。在这部分内容中，我们既从代数角度又从几何角度考察算术平均值、几何平均值和调和平均值之间是如何相互关联的，从而更好地理解了这些重要的平均值。

毕达哥拉斯学派的研究涉及音乐。尽管偏离了这一著名定理，但如果没有毕达哥拉斯学派对音乐的贡献，那么今天的乐曲可能会大不相同。

综上所述，毕达哥拉斯及其追随者的研究扩展了我们在视觉、数量、智力和听觉方面的认知。希望在我们追求毕达哥拉斯定理的力与美的过程中，所有读者都能更好地领会和欣赏这些奇迹。

后记 关于促成 1985 年诺贝尔化学奖的数学研究：最终要感谢毕达哥拉斯

赫伯特·A. 豪普特曼博士

数学在促进 21 世纪科学和技术发展中所起的重要作用的一个特别明显的例子是由 1985 年获得诺贝尔化学奖的研究提供的：解决了 X 射线晶体学相位问题。这个例子以最清晰的方式使科学与数学之间的相互影响变得明确无疑。

当一束 X 射线照射到晶体上时，入射光束会分裂成许多不同方向、不同强度的较弱光束，从而产生所谓的衍射图样。衍射图样的性质，即散射的 X 射线的方向和强度是由晶体的结构决定的，即晶体中原子的排列方式。如果知道晶体的结构，就能很容易地预测衍射图样的性质。

然而，晶体学家所面临的问题恰恰相反：我们观察到的是衍射图样，也就是说，我们测量了被晶体散射的 X 射线的方向和强度，我们由此能推断出产生的衍射图样的晶体结构吗？即推断出原子排列吗？1985 年的诺贝尔化学奖就授予了解决这个问题的科学家。

能够快速、常规地识别晶体结构具有一系列重要的意义。其中最重要的可能是能就此将晶体和分子结构与生物活性联系起来。这样，我们就有可能在"分子"水平上理解生命过程，更好地理解生物是如何"工作"的以及疾病的起因，并设计出更好的疗法和药物来预防和治疗疾病，同时最大限度地减小不良副作用——简而言之，就是有助于改善人类健康。

最后，如果我们不给予希腊数学家毕达哥拉斯应有的荣誉，那就是我们的懈怠不敬了。毕达哥拉斯作出的基本贡献无疑是最常被引用的，这就是 $a^2+b^2=c^2$ 这一关系，其中 a 和 b 是直角三角形的两条直角边的长度，c 是该三角形的斜边。如果没有这一关系，那么整个 X 射线晶体学就不会像今天这样存在。如果 X 射线晶体学在 19 世纪和 20 世纪没有得到那样的发展，那么我们理解生物过程的能力就会大打折扣。因此，我们能有理有据地说，西方世界拥有高水平的医疗技术能力在很大程度上要归功于希腊哲学家毕达哥拉斯。

X 射线晶体学在 20 世纪的重要性表明，我们首先应该对科学和技术作出区分。

科学是一门试图通过理性的方式描述我们周围现实世界的学科，包括描述生物体的本质。技术则试图利用科学的成果来实现人类的目标。简而言之，科学被认为与知识有关，而技术关注的则是利用知识来改善人类状况。

400 年前，没有人能预料到科学和技术在接下来的几个世纪中注定会取得的巨大进步。即使近在 100 年前，谁能预测到 20 世纪为我们准备的这两个方面的伟大革命呢？相对论和量子力学、物质结构的本质、分子生物学，以及我们对生命过程的新理解，永远地改变了我们看待周围世界的方式，与此同时，它们不可逆转地建立了理性的探索模式，这是科学方法的精髓，高于一切。

技术应用，正如我们将看到的，充其量只能说喜忧参半，它们紧随着更基本的科学发现而来。然后，技术的成果有了回馈并促进了科学的快速发展，因此今天我们正在以惊人的速度奔向一个充满不确定性的未来。20 世纪的显著成就包括：数字计算机的发明和快速发展，我们在通信、运输、太空探索和电子方面取得了长足的进展，疾病的诊断和治疗方法得到了改进，原子被用来作为无限的能量来源等。然而，黑暗的一面是，配备核弹头的洲际导弹的发展和完善，具有大规模杀伤性的原子、化学和生物手段，还有环境污染。这些仅仅是 20 世纪科学革命的一部分后果——它们并非全都是不可避免的。

因此，显而易见，20 世纪科学技术的惊人进步和当前的趋势带来了巨大的希望，也对我们的生存构成了同样巨大的威胁。希望在于，科学成果将用于造福人类，使每个人的生活质量得到永无止境地提高；而威胁则在于，科学成果若被错误利用，将导致从环境的毁灭性污染到核浩劫毁灭人类生命等一系列后果。

这些威胁一方面来自科学技术的闪电式进步所产生的危机，另一方面来自心理态度和行为模式的冰川式演变（以世纪为度量周期）。这种科学与良知、技术与道德行为之间的冲突，现在已经到了威胁人类生存的地步，甚至威胁地球本身生存的底线，除非它能以有利的条件得到解决，并且很快得到解决。

同一项科学发现可能会以不同的方式得到应用，有些是好的，有些却不太好，这一事实使这个问题变得更加难解。因此，原子的能量可以用来产生有用的能量、治疗疾病，也可以用来摧毁生命。那么该怎么办呢？我不知道这个问题的答案。但我说这些话只是想强调，这种困境是存在的，而且在某种意义上是科学家们造成的，但却是全人类必须解决的。这一问题的解决方案将需要发挥所有人的聪明才智。

毕达哥拉斯和他的著名定理的图形描述

没有人真正知道毕达哥拉斯长什么样，但有各种各样的图片声称里面有他的形象。下面一系列邮票会让你了解人们认为他的形象是怎样的。然后你可以对他的外貌得出自己的结论。我们在这里还会展示一些进一步普及他那条最著名的数学定理的邮票。

描绘毕达哥拉斯形象的邮票

希腊，1995

塞拉利昂，1983

从前图中放大的毕达哥拉斯

选自拉斐尔的《雅典学院》(*The School of Athens*, Raffaello Sanzio, 1511)

圣马力诺, 1983

毕达哥拉斯定理
力与美的故事

对毕达哥拉斯的进一步描绘

邮票上的毕达哥拉斯定理

马其顿,1998

日本,1984

塞拉利昂, 1984

尼加拉瓜, 1971

希腊,1955

希腊,1955

意大利

苏里南共和国，1972

费马对毕达哥拉斯定理的推广

捷克共和国,2000

法国

附录 A　一些精选证明

证明托勒玫定理 (第 45 页)

循环四边形的对角线长度的乘积等于两组对边长度的乘积之和 (托勒玫定理) 。

这里给出托勒玫定理的两种证明方法。第二种方法也包含了文中所述的逆定理的证明。

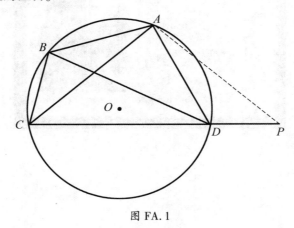

图 FA. 1

证明 I :

在图 FA. 1 中,四边形 *ABCD* 内接于圆 *O*。过点 *A* 作一条直线与 *CD*

相交于点 P，使 $\angle BAC = \angle DAP$ （Ⅰ）

  四边形 $ABCD$ 是一个圆内接四边形，因此 $\angle ABC$ 与 $\angle ADC$ 互补。而 $\angle ADP$ 与 $\angle ADC$ 也互补，

因此，$\angle ABC = \angle ADP$。   （Ⅱ）

由此可得 $\triangle BAC \backsim \triangle DAP$ （Ⅲ）

$$于是 \frac{AB}{AD} = \frac{BC}{DP}，即\ DP = \frac{AD \cdot BC}{AB}$$ （Ⅳ）

由（Ⅰ）得 $\angle BAD = \angle CAP$，由（Ⅲ）得 $\dfrac{AB}{AD} = \dfrac{AC}{AP}$

由此可得 $\triangle ABD \backsim \triangle ACP$，于是 $\dfrac{BD}{CP} = \dfrac{AB}{AC}$，即

$$CP = \frac{AC \cdot BD}{AB}$$ （Ⅴ）

$$CP = CD + DP$$ （Ⅵ）

将（Ⅳ）和（Ⅴ）代入（Ⅵ），得到

$$\frac{AC \cdot BD}{AB} = CD + \frac{AD \cdot BC}{AB}$$

因此，$AC \cdot BD = AB \cdot CD + AD \cdot BC$

  证明Ⅱ：

  在四边形 $ABCD$（图 FA.2）中，在 AD 边上作 $\triangle DAP$，使其与 $\triangle CAB$ 相似。

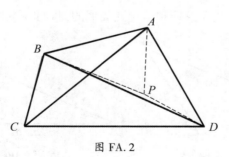

图 FA.2

因此，$\dfrac{AB}{AP} = \dfrac{AC}{AD} = \dfrac{BC}{PD}$ （Ⅰ）

于是 $AC \cdot PD = AD \cdot BC$ （Ⅱ）

由 $\angle BAC = \angle PAD$

得 $\angle BAP = \angle CAD$

因此，由（Ⅰ）得 $\triangle BAP \backsim \triangle CAD$，于是 $\dfrac{AB}{AC} = \dfrac{BP}{CD}$

即 $AC \cdot BP = AB \cdot CD$ （Ⅲ）

将（Ⅱ）和（Ⅲ）相加，得到

$AC \cdot BP + PD = AD \cdot BC + AB \cdot CD$ （Ⅳ）

现在，$BP + PD > BD$（三角形中的两边之和大于第三边），除非 P 在 BD 上。然而，当且仅当 $\angle ADP = \angle ADB$ 时，P 才会在 BD 上。但是我们已经知道 $\angle ADP = \angle ACB$（相似三角形）。如果四边形 $ABCD$ 是一个圆内接四边形，那么 $\angle ADB$ 等于 $\angle ACB$，$\angle ADB$ 等于 $\angle ADP$。因此，我们可以说，当且仅当四边形 $ABCD$ 是一个圆内接四边形时，点 P 才在 BD 上。

这告诉我们 $BP + PD = BD$ （Ⅴ）

将（Ⅴ）代入（Ⅳ），得到

$AC \cdot BD = AD \cdot BC + AB \cdot CD$

请注意，我们已经证明了托勒玫定理及其**逆定理**。

确定一个角是钝角还是锐角（第 63 页）

考虑 $\triangle ABC$ 我们必须考虑两种情况：$\angle C$ 是钝角（图 FA.3）和 $\angle C$ 是锐角（图 FA.4）。由于这两种情况是类似的，我们将同时证明它们。

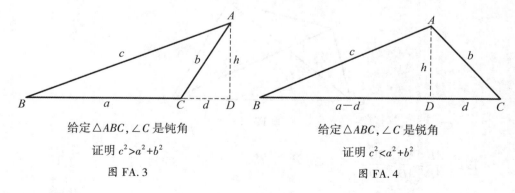

给定 $\triangle ABC$，$\angle C$ 是钝角

证明 $c^2 > a^2 + b^2$

图 FA.3

给定 $\triangle ABC$，$\angle C$ 是锐角

证明 $c^2 < a^2 + b^2$

图 FA.4

证明

    1. AD 是 $\triangle ABC$ 边 BC 上的高。令 $DC=d$。

对于 $\angle C$ 是钝角的情况	**对于 $\angle C$ 是锐角的情况**

    2. $BD=a+d$ $BD=a-d$

对 $\triangle ABD$ 应用毕达哥拉斯定理。令 $AD=h$。

    3. $c^2=h^2+(a+d)^2$ 3. $c^2=h^2+(a-d)^2$

    4. $c^2=h^2+a^2+d^2+2ad$ 4. $c^2=h^2+a^2+d^2-2ad$

    5. 对 $\triangle ACD$ 应用毕达哥拉斯定理,在这两种情况下均得到 $b^2=h^2+d^2$

将第 5 步得到的结果代入第 4 步中的等式:

    6. $c^2=a^2+b^2+2ad$ 6. $c^2=a^2+b^2-2ad$

    7. $c^2>a^2+b^2$ 7. $c^2<a^2+b^2$

    我们现在已经确定,在钝角三角形中,最长边长的平方大于两条较短边长的平方和。

    我们还确定了,在锐角三角形中,最长边长的平方小于两条较短边长的平方和。

    可以证明反过来的情况也是正确的,即若 $a^2+b^2>c^2$,则 $\angle C$ 为锐角,若 $a^2+b^2<c^2$,则 $\angle C$ 为钝角。

证明直角三角形斜边上的中线长度是斜边长度的一半（第 74 页）

    在图 FA.5 中,CD 是 $\triangle ABC$ 的斜边 AB 上的中线。我们从 D 分别作边 AC 和边 BC 的垂线 DE 和 DF,从而确定了这两条边的中点 E 和 F。这使得 $\triangle ADC$ 和 $\triangle BDC$ 为等腰三角形,因此 $AD=DC=DB$。我们也可以作 Rt $\triangle ABC$ 的外接圆,因为 $\angle C=90°$,AB 边是外接圆直径,于是

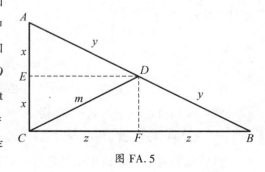

图 FA.5

$\frac{1}{2}AB = DB = CD$，因为 DB、CD 都是外接圆半径。

毕达哥拉斯定理的拓展（第 84 页）

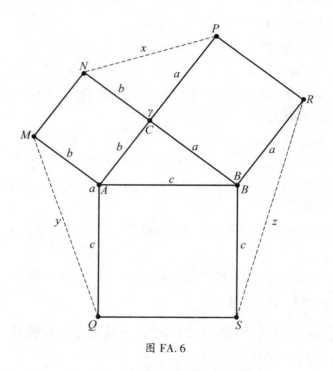

图 FA.6

我们从各边上有正方形的任意 $\triangle ABC$ 开始。

要证明 $x^2 + y^2 + z^2 = 3(a^2 + b^2 + c^2)$，我们对图中的三个三角形应用余弦定律（图 FA.6）：

$$y^2 = b^2 + c^2 - 2bc\cos\alpha$$

$$x^2 = a^2 + b^2 - 2ab\cos\gamma$$

$$z^2 = a^2 + c^2 - 2ac\cos\beta$$

然后我们将这三个等式相加，得到

$$x^2 + y^2 + z^2 = 2(a^2 + b^2 + c^2) - 2(bc\cos\alpha + ab\cos\gamma + ac\cos\beta) \qquad (\text{I})$$

然后我们对 $\triangle ABC$ 应用余弦定理：

$$a^2 = b^2 + c^2 - 2bc \cos A$$
$$b^2 = a^2 + c^2 - 2ac \cos B$$
$$c^2 = b^2 + a^2 - 2ba \cos C$$

其中 A、B 和 C 是 $\triangle ABC$ 的内角。将这三个等式相加得到

$$a^2 + b^2 + c^2 = 2(a^2 + b^2 + c^2) - 2(bc \cos A + ac \cos B + ab \cos C)$$

即

$$2(bc \cos A + ac \cos B + ab \cos C) = a^2 + b^2 + c^2 \qquad (\text{II})$$

由边 a、b、c 上的三个正方形，我们得到 $\alpha = 180° - \angle A$，$\gamma = 180° - \angle C$ 和 $\beta = 180° - \angle B$。代入等式（I）并利用恒等式 $\cos(180° - \theta) = -\cos\theta$，得到

$$x^2 + y^2 + z^2 = 2(a^2 + b^2 + c^2) + 2(bc \cos A + ac \cos B + ab \cos C) \qquad (\text{III})$$

将（II）式代入（III）式得到

$$x^2 + y^2 + z^2 = 2(a^2 + b^2 + c^2) + (a^2 + b^2 + c^2)$$
$$= 3(a^2 + b^2 + c^2)$$

证明对于平行四边形 $ABCD$（图 FA.7），有 $m^2 + n^2 = a^2 + b^2 + c^2 + d^2$（第 87 页）

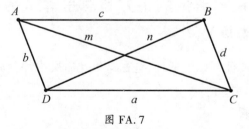

图 FA.7

设 $\angle ADC = \alpha$，于是 $\angle DAB = 180° - \alpha$（见图 FA.7）。

根据余弦定律，我们得到

在 $\triangle ACD$ 中 $m^2 = a^2 + b^2 - 2ab \cos\alpha$

在 $\triangle ABD$ 中 $n^2 = c^2 + b^2 - 2cb \cos(180° - \alpha) = c^2 + b^2 + 2cb \cos\alpha$

将以上两式相加，并注意到平行四边形的对边相等，即 $b = d$，$a = c$，就

得到

$$m^2+n^2=a^2+b^2+c^2+d^2$$

证明由斐波那契数生成毕达哥拉斯三元组的方法（第111页）

假设 a,b,c,d 构成一个斐波那契数列。

于是我们得到 $c=a+b,d=c+b=a+b+b=a+2b$。

规则所指示的操作是

$$A=2bc=2b(a+b)=2ab+2b^2$$
$$B=ad=a(a+2b)=a^2+2ab$$
$$C=b^2+c^2=b^2+(a+b)^2=a^2+2ab+2b^2$$

看看 A、B、C 是否符合毕达哥拉斯定理：

$$A^2=(2ab+2b^2)^2=4a^2b^2+8ab^3+4b^4$$
$$B^2=(a^2+2ab)^2=a^4+4a^3b+4a^2b^2$$
$$C^2=(a^2+2ab+2b^2)^2=a^4+4a^3b+8a^2b^2+8ab^3+4b^4$$

相加可知，$A^2+B^2=C^2$

两个相邻斐波那契数的平方和总是等于另一个斐波那契数（第114页）

首先，我们要证明以下引理，它在这里及后文中都会派上用场。

引理：$F_{m+n}=F_{m-1}F_n+F_mF_{n+1}$

引理的证明：

我们对 n 使用归纳法。（实际上，这是一种被称为"强归纳法"的归纳形式，我们将使用 $n=k-1$ 和 $n=k$ 的命题来证明 $n=k+1$ 的命题。这也意味着我们需要两个基本陈述，而不是一个，因此我们必须检查 $n=1$ 的陈述和 $n=2$ 的陈述。）对于 $n=1$ 的情况，我们必须检查 $F_{m+1}=F_{m-1}F_1+F_mF_2$，由于 $F_1=1$ 和 $F_2=1$，我们必须检查 $F_{m+1}=F_{m-1}+F_m$，这当然是成立的，因为这正是我们用来定义斐波那契数的那个关系。对于 $n=2$ 的情况,我们必须检查 $F_{m+2}=F_{m-1}F_2+F_mF_3$,或者,由于 $F_2=1$ 和 $F_3=2$,我们必须检查 $F_{m+2}=F_{m-1}+2F_m$,根据以下连等式,这是成立的:

$$F_{m-1}+2F_m=(F_{m-1}+F_m)+F_m=F_{m+1}+F_m=F_{m+2}$$

现在假设这一命题对 $n=k-1$ 和 $n=k$ 的情况都成立,即假设

$$F_{m+k-1}=F_{m-1}F_{k-1}+F_mF_k \text{ 和 } F_{m+k}=F_{m-1}F_k+F_mF_{k+1}$$

(这就是我们的归纳假设)于是

$$
\begin{aligned}
& F_{m-1}F_{k+1}+F_mF_{k+2} \\
&= F_{m-1}(F_{k-1}+F_k)+F_m(F_k+F_{k+1}) \\
&= F_{m-1}F_{k-1}+F_{m-1}F_k+F_mF_k+F_mF_{k+1} \\
&= F_{m-1}F_k+F_mF_{k+1}+F_{m-1}F_{k-1}+F_mF_k \\
&= F_{m+k}+F_{m+k-1} \\
&= F_{m+k+1}
\end{aligned}
$$

即 $F_{m-1}F_{k+1}+F_mF_{k+2}=F_{m+k+1}$,而这正是 $n=k+1$ 时的命题,因此我们的归纳证明就完成了。

我们现在准备证明关系 $F_n^2+F_{n+1}^2=F_{2n+1}$,也就是说,第 n 个和第 $n+1$ 个位置(相继位置)上的那两个斐波那契数的平方和等于第 $2n+1$ 个位置上的斐波纳契数。

证明:

在引理中,设 $m=n+1$。于是我们得到 $F_{2n+1}=F_nF_n+F_{n+1}F_{n+1}$,即 $F_{2n+1}=F_n^2+F_{n+1}^2$,这是我们想要的等式。

附录 B　更多证明和解答

n 个正整数的三种平均值的比较 (第 154 页)

要证明算术平均值>几何平均值,请回顾一下几何平均值的定义:

$$g = \sqrt[n]{a_1 \cdot a_2 \cdot a_3 \cdot \cdots \cdot a_n} \ (\text{其中 } a_i > 0)$$

由此可得 $1 = \sqrt[n]{\dfrac{a_1}{g} \cdot \dfrac{a_2}{g} \cdot \dfrac{a_3}{g} \cdot \cdots \cdot \dfrac{a_n}{g}}$

因此, $1 = \dfrac{a_1}{g} \cdot \dfrac{a_2}{g} \cdot \dfrac{a_3}{g} \cdot \cdots \cdot \dfrac{a_n}{g}$

我们可以证明①,如果 n 个正数的乘积等于 1,它们的总和不小于 n。于是我们可以得出结论:

$$\frac{a_1}{g} + \frac{a_2}{g} + \frac{a_3}{g} + \cdots + \frac{an}{g} \geqslant n$$

---

① 求证如果 $x_1, x_2, \cdots, x_n$ 是正数,且 $x_1 \cdot x_2 \cdot \cdots \cdot x_n = 1$,那么 $x_1 + x_2 + \cdots + x_n \geqslant n$。

　　首先,请注意,如果所有 x_i 都相等,那么它们中的每一个都必须等于 1,因此此时总和恰好是 n。以下我们将假设 x_i 不都相等,并且将证明此时它们的总和严格大于 n。我们用归纳法证明。

　　我们从 $n = 2$ 开始,因为在 $n = 1$ 的情况下,没有什么可证明的。因此,假设 $x_1 x_2 = 1$。

（下转下页）

因此，$\dfrac{a_1+a_2+a_3+\cdots+a_n}{n} \geqslant g$。这样我们就可以得出结论：

$$\dfrac{a_1+a_2+a_3+\cdots+a_n}{n} \geqslant \sqrt[n]{a_1 \cdot a_2 \cdot a_3 \cdot \cdots \cdot a_n}$$，即算术平均值≥几何平均值。

我们现在要证明几何平均值≥调和平均值。首先考虑数列 $a_1^b, a_2^b,$ $a_3^b, \cdots, a_n^b$，其中 b 是整数。既然我们刚刚证明了算术平均值≥几何平均值，那么我们可以说

$$\dfrac{a_1^b+a_2^b+a_3^b+\cdots+a_n^b}{n} \geqslant \sqrt[n]{a_1^b \cdot a_2^b \cdot a_3^b \cdot \cdots \cdot a_n^b}$$

当 $\dfrac{1}{b}<0$ 时，

$$\left[\sqrt[n]{a_1^b \cdot a_2^b \cdot a_3^b \cdot \cdots \cdot a_n^b}\right]^{\frac{1}{b}} \geqslant \left[\dfrac{a_1^b+a_2^b+a_3^b+\cdots+a_n^b}{n}\right]^{\frac{1}{b}}$$

（上接上页）

$x_1 \neq x_2$，因此 $\sqrt{x_1}-\sqrt{x_2} \neq 0$。

于是 $0<(\sqrt{x_1}-\sqrt{x_2})^2 = (\sqrt{x_1})^2-(\sqrt{x_2})^2-2\sqrt{x_1} \cdot \sqrt{x_2} = x_1+x_2-2\sqrt{x_1 \cdot x_2}$。

而 $\sqrt{x_1 \cdot x_2}$ 等于 1，因此该不等式简化为 $0<x_1+x_2-2$，或 $x_1+x_2>2$，即为所求。

我们对 $n=k$ 时的归纳假设是，如果任何不都相等的正数 $x_1, x_2, \cdots, x_k$ 满足 $x_1 \cdot x_2 \cdot \cdots \cdot x_n=1$，那么我们有 $x_1+x_2+\cdots+x_k>k$。

现在假设 $x_1 \cdot x_2 \cdot \cdots \cdot x_{k+1}=1$。如果所有的 x_i 都大于 1，那么它们的乘积也大于 1。同样，如果所有 x_i 都小于 1，那么它们的乘积也小于 1。由此可以得出，至少有一个 x_i 小于 1，还有一个 x_j 大于 1。将这些 x_i 重新排序，我们可以假设 $x_1<1, x_2>1$。

于是 $1-x_1>0, 1-x_2<0$，因此它们的乘积是负的，即 $0>(1-x_1) \cdot (1-x_2) = 1-(x_1+x_2)+x_1 \cdot x_2$ 或 $(x_1+x_2)-1>x_1 \cdot x_2$。

回到我们对这些 x_i 的乘积的假设，我们有 $(x_1 \cdot x_2)\cdots \cdot x_k=1$。这里我们插入了括号来表示这个乘积由 k 个（而不是 $k+1$ 个）因子组成。根据我们对 k 个因数的归纳假设，有 $(x_1 \cdot x_2)+\cdots+x_{k+1}>k$。

回想一下 $(x_1+x_2)-1>x_1 \cdot x_2$，我们有

$$(x_1+x_2-1)+\cdots+x_{k+1}>x_1 \cdot x_2+\cdots+x_{k+1}>k$$

将该不等式的两边都加上 1，就得到 $x_1+x_2+\cdots+x_{k+1}>k+1$，于是归纳证明就完成了。——原注

如果我们取 $b = -1$，就得到

$$\sqrt[n]{a_1 \cdot a_2 \cdot a_3 \cdot \cdots \cdot a_n} \geqslant \left[\frac{a_1^{-1} + a_2^{-1} + a_3^{-1} + \cdots + a_n^{-1}}{n} \right]^{-1}$$

因此，$\sqrt[n]{a_1 \cdot a_2 \cdot a_3 \cdot \cdots \cdot a_n} \geqslant \dfrac{n}{\dfrac{1}{a_1} + \dfrac{1}{a_2} + \dfrac{1}{a_3} + \cdots + \dfrac{1}{a_n}}$，即几何平均值 $\geqslant$ 调和

平均值。

"有趣的小知识"的解答

有趣的小知识 1（第 154 页）

a. 在图 FB. 1 中，$AT = a, BT = b$，我们要证明 TO 是 a 和 b 的算术平均值：

$a + b = AT + BT$

$a + b = AO + OB + BT + BT$

由于 $AO = OB, a + b = 2OB + 2BT$

由此可得 $\dfrac{a+b}{2} = OB + BT = TO$，即 TO 是 a 和 b 的算术平均值。

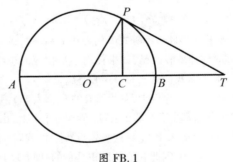

图 FB. 1

b. 要证明 PT 是 a 和 b 的几何平均值，我们首先从 $\triangle APT \backsim \triangle PBT$ 开始

因此，$\dfrac{AT}{PT} = \dfrac{PT}{BT}$

由此得到 $PT = \sqrt{AT \cdot BT} = \sqrt{ab}$，即 PT 是 a 和 b 的几何平均值。

c. 我们还可以证明，TC 是 a 和 b 的调和平均值。因为 $\triangle OPT \backsim \triangle PCT$，

$\dfrac{PT}{TC} = \dfrac{TO}{PT}$，

因此，$PT^2 = TC \cdot TO$，或 $TC = \dfrac{PT^2}{TO}$。

由于 $PT^2 = ab$，$TO = \dfrac{a+b}{2}$，我们得到 $TC = \dfrac{ab}{\dfrac{1}{2}(a+b)}$。

有趣的小知识 2（第 155 页）

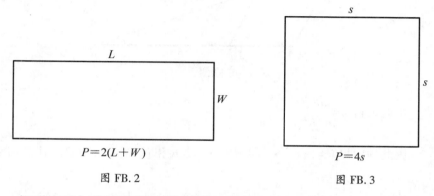

图 FB. 2　　　　　　　图 FB. 3

a. 矩形和正方形的周长相同，均为 P，如图 FB. 2 和图 FB. 3 所示，因此 $4s = 2L + 2W$。

于是正方形的边长为 $s = \dfrac{L+W}{2}$，即 s 是矩形的长 L 和宽 W 的算术平均值。

b. 矩形和正方形的面积相同。因此 $s^2 = LW$，由此可得 $s = \sqrt{LW}$，即 s 是矩形的长 L 和宽 W 的几何平均值。

c. 矩形和正方形的面积之比与周长之比相同，这可以表示为 $\dfrac{LW}{2(L+W)} = \dfrac{s^2}{4s}$，将其简化为 $\dfrac{LW}{L+W} = \dfrac{s}{2}$。因此，$s = \dfrac{2LW}{L+W}$，即 s 是矩形的长 L 和宽 W 的调和平均值。

有趣的小知识 3（第 155 页）

立方体中：顶点数 = 8，边数 = 12，面数 = 6。

12 和 6 的调和平均值为 $\dfrac{2 \times 12 \times 6}{12 + 6} = 8$。

有趣的小知识4（第155页）

图 FB.4 中，$AC=a$，$BC=b$，因为 $MP/\!/BC$，故 $\dfrac{AM}{AC}=\dfrac{MP}{CB}$，即 $\dfrac{a-x}{a}=\dfrac{x}{b}$。

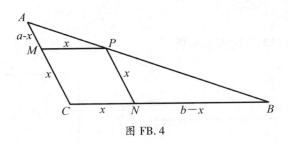

图 FB.4

由此可得 $x=\dfrac{ab}{a+b}$。

因此，$MP+NP=2x=\dfrac{2ab}{a+b}$，即 $MP+NP$ 是 a 和 b（或 AC 和 BC）的调和平均值。

有趣的小知识5（第156页）

我们可以确定，在图 FB.5 中，$\triangle APQ \sim \triangle ACB$，因此 $\dfrac{h-x}{x}=\dfrac{h}{a}$，于是 $x=\dfrac{ah}{a+h}$。这个正方形的半周长是 $2x$，而 $2x=\dfrac{2ah}{a+h}$，即正方形的半周长是 AH 和 BC 的调和平均值。

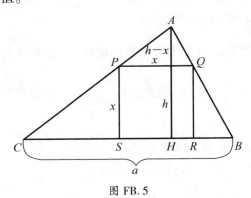

图 FB.5

附录 C 本原毕达哥拉斯三元组列表

m	n	$a=m^2-n^2$	$b=2mn$	$c=m^2+n^2$	毕达哥拉斯三元组	周长	面积	内切圆半径
2	1	3	4	5	$(3,4,5)$	12	6	1
3	2	5	12	13	$(5,12,13)$	30	30	2
4	1	15	8	17	$(15,8,17)$	40	60	3
4	3	7	24	25	$(7,24,25)$	56	84	3
5	2	21	20	29	$(21,20,29)$	70	210	6
5	4	9	40	41	$(9,40,41)$	90	180	4
6	1	35	12	37	$(35,12,37)$	84	210	5
6	5	11	60	61	$(11,60,61)$	132	330	5
7	2	45	28	53	$(45,28,53)$	126	630	10
7	4	33	56	65	$(33,56,65)$	154	924	12
7	6	13	84	85	$(13,84,85)$	182	546	6
8	1	63	16	65	$(63,16,65)$	144	504	7
8	3	55	48	73	$(55,48,73)$	176	1320	15
8	5	39	80	89	$(39,80,89)$	208	1560	15
8	7	15	112	113	$(15,112,113)$	240	840	7
9	2	77	36	85	$(77,36,85)$	198	1386	14
9	4	65	72	97	$(65,72,97)$	234	2340	20

m	n	$a=m^2-n^2$	$b=2mn$	$c=m^2+n^2$	毕达哥拉斯三元组	周长	面积	内切圆半径
9	8	17	144	145	（17，144，145）	306	1224	8
10	1	99	20	101	（99，20，101）	220	990	9
10	3	91	60	109	（91，60，109）	260	2730	21
10	7	51	140	149	（51，140，149）	340	3570	21
10	9	19	180	181	（19，180，181）	380	1710	9
11	2	117	44	125	（117，44，125）	286	2574	18
11	4	105	88	137	（105，88，137）	330	4620	28
11	6	85	132	157	（85，132，157）	374	5610	30
11	8	57	176	185	（57，176，185）	418	5016	24
11	10	21	220	221	（21，220，221）	462	2310	10
12	1	143	24	145	（143，24，145）	312	1716	11
12	5	119	120	169	（119，120，169）	408	7140	35
12	7	95	168	193	（95，168，193）	456	7980	35
12	11	23	264	265	（23，264，265）	552	3036	11
13	2	165	52	173	（165，52，173）	390	4290	22
13	4	153	104	185	（153，104，185）	442	7956	36
13	6	133	156	205	（133，156，205）	494	10 374	42
13	8	105	208	233	（105，208，233）	546	10 920	40
13	10	69	260	269	（69，260，269）	598	8970	30
13	12	25	312	313	（25，312，313）	650	3900	12
14	1	195	28	197	（195，28，197）	420	2730	13
14	3	187	84	205	（187，84，205）	476	7854	33
14	5	171	140	221	（171，140，221）	532	11 970	45
14	9	115	252	277	（115，252，277）	644	14 490	45
14	11	75	308	317	（75，308，317）	700	11 550	33
14	13	27	364	365	（27，364，365）	756	4914	13
15	2	221	60	229	（221，60，229）	510	6630	26
15	4	209	120	241	（209，120，241）	570	12 540	44

m	n	$a=m^2-n^2$	$b=2mn$	$c=m^2+n^2$	毕达哥拉斯三元组	周长	面积	内切圆半径
15	8	161	240	289	(161,240,289)	690	19 320	56
15	14	29	420	421	(29,420,421)	870	6090	14
16	1	255	32	257	(255,32,257)	544	4080	15
16	3	247	96	265	(247,96,265)	608	11 856	39
16	5	231	160	281	(231,160,281)	672	18 480	55
16	7	207	224	305	(207,224,305)	736	23 184	63
16	9	175	288	337	(175,288,337)	800	25 200	63
16	11	135	352	377	(135,352,377)	864	23 760	55
16	13	87	416	425	(87,416,425)	928	18 096	39
16	15	31	480	481	(31,480,481)	992	7440	15
17	2	285	68	293	(285,68,293)	646	9690	30
17	4	273	136	305	(273,136,305)	714	18 564	52
17	6	253	204	325	(253,204,325)	782	25 806	66
17	8	225	272	353	(225,272,353)	850	30 600	72
17	10	189	340	389	(189,340,389)	918	32 130	70
17	12	145	408	433	(145,408,433)	986	29 580	60
17	14	93	476	485	(93,476,485)	1054	22 134	42
17	16	33	544	545	(33,544,545)	1122	8976	16
18	1	323	36	325	(323,36,325)	684	5814	17
18	5	299	180	349	(299,180,349)	828	26 910	65
18	7	275	252	373	(275,252,373)	900	34 650	77
18	11	203	396	445	(203,396,445)	1044	40 194	77
18	13	155	468	493	(155,468,493)	1116	36 270	65
18	17	35	612	613	(35,612,613)	1260	10 710	17
19	2	357	76	365	(357,76,365)	798	13 566	34
19	4	345	152	377	(345,152,377)	874	26 220	60
19	6	325	228	397	(325,228,397)	950	37 050	78
19	8	297	304	425	(297,304,425)	1026	45 144	88

m	n	$a=m^2-n^2$	$b=2mn$	$c=m^2+n^2$	毕达哥拉斯三元组	周长	面积	内切圆半径
19	10	261	380	461	（261，380，461）	1102	49 590	90
19	12	217	456	505	（217，456，505）	1178	49 476	84
19	14	165	532	557	（165，532，557）	1254	43 890	70
19	16	105	608	617	（105，608，617）	1330	31 920	48
19	18	37	684	685	（37，684，685）	1406	12 654	18
20	1	399	40	401	（399，40，401）	840	7980	19
20	3	391	120	409	（391，120，409）	920	23 460	51
20	7	351	280	449	（351，280，449）	1080	49 140	91
20	9	319	360	481	（319，360，481）	1160	57 420	99
20	11	279	440	521	（279，440，521）	1240	61 380	99
20	13	231	520	569	（231，520，569）	1320	60 060	91
20	17	111	680	689	（111，680，689）	1480	37 740	51
20	19	39	760	761	（39，760，761）	1560	14 820	19
21	2	437	84	445	（437，84，445）	966	18 354	38
21	4	425	168	457	（425，168，457）	1050	35 700	68
21	8	377	336	505	（377，336，505）	1218	63 336	104
21	10	341	420	541	（341，420，541）	1302	71 610	110
21	16	185	672	697	（185，672，697）	1554	62 160	80
21	20	41	840	841	（41，840，841）	1722	17 220	20
22	1	483	44	485	（483，44，485）	1012	10 626	21
22	3	475	132	493	（475，132，493）	1100	31 350	57
22	5	459	220	509	（459，220，509）	1188	50 490	85
22	7	435	308	533	（435，308，533）	1276	66 990	105
22	9	403	396	565	（403，396，565）	1364	79 794	117
22	13	315	572	653	（315，572，653）	1540	90 090	117
22	15	259	660	709	（259，660，709）	1628	85 470	105
22	17	195	748	773	（195，748，773）	1716	72 930	85
22	19	123	836	845	（123，836，845）	1804	51 414	57

m	n	$a=m^2-n^2$	$b=2mn$	$c=m^2+n^2$	毕达哥拉斯三元组	周长	面积	内切圆半径
22	21	43	924	925	(43,924,925)	1892	19 866	21
23	2	525	92	533	(525,92,533)	1150	24 150	42
23	4	513	184	545	(513,184,545)	1242	47 196	76
23	6	493	276	565	(493,276,565)	1334	68 034	102
23	8	465	368	593	(465,368,593)	1426	85 560	120
23	10	429	460	629	(429,460,629)	1518	98 670	130
23	12	385	552	673	(385,552,673)	1610	106 260	132
23	14	333	644	725	(333,644,725)	1702	107 226	126
23	16	273	736	785	(273,736,785)	1794	100 464	112
23	18	205	828	853	(205,828,853)	1886	84 870	90
23	20	129	920	929	(129,920,929)	1978	59 340	60
23	22	45	1012	1013	(45,1012,1013)	2070	22 770	22
24	1	575	48	577	(575,48,577)	1200	13 800	23
24	5	551	240	601	(551,240,601)	1392	66 120	95
24	7	527	336	625	(527,336,625)	1488	88 536	119
24	11	455	528	697	(455,528,697)	1680	120 120	143
24	13	407	624	745	(407,624,745)	1776	126 984	143
24	17	287	816	865	(287,816,865)	1968	117 096	119
24	19	215	912	937	(215,912,937)	2064	98 040	95
24	23	47	1104	1105	(47,1104,1105)	2256	25 944	23
25	2	621	100	629	(621,100,629)	1350	31 050	46
25	4	609	200	641	(609,200,641)	1450	60 900	84
25	6	589	300	661	(589,300,661)	1550	88 350	114
25	8	561	400	689	(561,400,689)	1650	112 200	136
25	12	481	600	769	(481,600,769)	1850	144 300	156
25	14	429	700	821	(429,700,821)	1950	150 150	154
25	16	369	800	881	(369,800,881)	2050	147 600	144
25	18	301	900	949	(301,900,949)	2150	135 450	126

m	n	$a=m^2-n^2$	$b=2mn$	$c=m^2+n^2$	毕达哥拉斯三元组	周长	面积	内切圆半径
25	22	141	1100	1109	（141,1100,1109）	2350	77 550	66
25	24	49	1200	1201	（49,1200,1201）	2450	29 400	24
26	1	675	52	677	（675,52,677）	1404	17 550	25
26	3	667	156	685	（667,156,685）	1508	52 026	69
26	5	651	260	701	（651,260,701）	1612	84 630	105
26	7	627	364	725	（627,364,725）	1716	114 114	133
26	9	595	468	757	（595,468,757）	1820	139 230	153
26	11	555	572	797	（555,572,797）	1924	158 730	165
26	15	451	780	901	（451,780,901）	2132	175 890	165
26	17	387	884	965	（387,884,965）	2236	171 054	153
26	19	315	988	1037	（315,988,1037）	2340	155 610	133
26	21	235	1092	1117	（235,1092,1117）	2444	128 310	105
26	23	147	1196	1205	（147,1196,1205）	2548	87 906	69
26	25	51	1300	1301	（51,1300,1301）	2652	33 150	25
27	2	725	108	733	（725,108,733）	1566	39 150	50
27	4	713	216	745	（713,216,745）	1674	77 004	92
27	8	665	432	793	（665,432,793）	1890	143 640	152
27	10	629	540	829	（629,540,829）	1998	169 830	170
27	14	533	756	925	（533,756,925）	2214	201 474	182
27	16	473	864	985	（473,864,985）	2322	204 336	176
27	20	329	1080	1129	（329,1080,1129）	2538	177 660	140
27	22	245	1188	1213	（245,1188,1213）	2646	145 530	110
27	26	53	1404	1405	（53,1404,1405）	2862	37 206	26
28	1	783	56	785	（783,56,785）	1624	21 924	27
28	3	775	168	793	（775,168,793）	1736	65 100	75
28	5	759	280	809	（759,280,809）	1848	106 260	115
28	9	703	504	865	（703,504,865）	2072	177 156	171
28	11	663	616	905	（663,616,905）	2184	204 204	187

m	n	$a=m^2-n^2$	$b=2mn$	$c=m^2+n^2$	毕达哥拉斯三元组	周长	面积	内切圆半径
28	13	615	728	953	（615，728，953）	2296	223 860	195
28	15	559	840	1009	（559，840，1009）	2408	234 780	195
28	17	495	952	1073	（495，952，1073）	2520	235 620	187
28	19	423	1064	1145	（423，1064，1145）	2632	225 036	171
28	23	255	1288	1313	（255，1288，1313）	2856	164 220	115
28	25	159	1400	1409	（159，1400，1409）	2968	111 300	75
28	27	55	1512	1513	（55，1512，1513）	3080	41 580	27
29	2	837	116	845	（837，116，845）	1798	48 546	54
29	4	825	232	857	（825，232，857）	1914	95 700	100
29	6	805	348	877	（805，348，877）	2030	140 070	138
29	8	777	464	905	（777，464，905）	2146	180 264	168
29	10	741	580	941	（741，580，941）	2262	214 890	190
29	12	697	696	985	（697，696，985）	2378	242 556	204
29	14	645	812	1037	（645，812，1037）	2494	261 870	210
29	16	585	928	1097	（585，928，1097）	2610	271 440	208
29	18	517	1044	1165	（517，1044，1165）	2726	269 874	198
29	20	441	1160	1241	（441，1160，1241）	2842	255 780	180
29	22	357	1276	1325	（357，1276，1325）	2958	227 766	154
29	24	265	1392	1417	（265，1392，1417）	3074	184 440	120
29	26	165	1508	1517	（165，1508，1517）	3190	124 410	78
29	28	57	1624	1625	（57，1624，1625）	3306	46 284	28
30	1	899	60	901	（899，60，901）	1860	26 970	29
30	7	851	420	949	（851，420，949）	2220	178 710	161
30	11	779	660	1021	（779，660，1021）	2460	257 070	209
30	13	731	780	1069	（731，780，1069）	2580	285 090	221
30	17	611	1020	1189	（611，1020，1189）	2820	311 610	221
30	19	539	1140	1261	（539，1140，1261）	2940	307 230	209
30	23	371	1380	1429	（371，1380，1429）	3180	255 990	161

m	n	$a=m^2-n^2$	$b=2mn$	$c=m^2+n^2$	毕达哥拉斯三元组	周长	面积	内切圆半径
30	29	59	1740	1741	（59,1740,1741）	3540	51 330	29
31	2	957	124	965	（957,124,965）	2046	59 334	58
31	4	945	248	977	（945,248,977）	2170	117 180	108
31	6	925	372	997	（925,372,997）	2294	172 050	150
31	8	897	496	1025	（897,496,1025）	2418	222 456	184
31	10	861	620	1061	（861,620,1061）	2542	266 910	210
31	12	817	744	1105	（817,744,1105）	2666	303 924	228
31	14	765	868	1157	（765,868,1157）	2790	332 010	238
31	16	705	992	1217	（705,992,1217）	2914	349 680	240
31	18	637	1116	1285	（637,1116,1285）	3038	355 446	234
31	20	561	1240	1361	（561,1240,1361）	3162	347 820	220
31	22	477	1364	1445	（477,1364,1445）	3286	325 314	198
31	24	385	1488	1537	（385,1488,1537）	3410	286 440	168
31	26	285	1612	1637	（285,1612,1637）	3534	229 710	130
31	28	177	1736	1745	（177,1736,1745）	3658	153 636	84
31	30	61	1860	1861	（61,1860,1861）	3782	56 730	30
32	1	1023	64	1025	（1023,64,1025）	2112	32 736	31
32	3	1015	192	1033	（1015,192,1033）	2240	97 440	87
32	5	999	320	1049	（999,320,1049）	2368	159 840	135
32	7	975	448	1073	（975,448,1073）	2496	218 400	175
32	9	943	576	1105	（943,576,1105）	2624	271 584	207
32	11	903	704	1145	（903,704,1145）	2752	317 856	231
32	13	855	832	1193	（855,832,1193）	2880	355 680	247
32	15	799	960	1249	（799,960,1249）	3008	383 520	255
32	17	735	1088	1313	（735,1088,1313）	3136	399 840	255
32	19	663	1216	1385	（663,1216,1385）	3264	403 104	247
32	21	583	1344	1465	（583,1344,1465）	3392	391 776	231
32	23	495	1472	1553	（495,1472,1553）	3520	364 320	207

m	n	$a=m^2-n^2$	$b=2mn$	$c=m^2+n^2$	毕达哥拉斯三元组	周长	面积	内切圆半径
32	25	399	1600	1649	(399,1600,1649)	3648	319 200	175
32	27	295	1728	1753	(295,1728,1753)	3776	254 880	135
32	29	183	1856	1865	(183,1856,1865)	3904	169 824	87
32	31	63	1984	1985	(63,1984,1985)	4032	62 496	31
33	2	1085	132	1093	(1085,132,1093)	2310	71 610	62
34	3	1147	204	1165	(1147,204,1165)	2516	116 994	93
34	5	1131	340	1181	(1131,340,1181)	2652	192 270	145
34	7	1107	476	1205	(1107,476,1205)	2788	263 466	189
34	9	1075	612	1237	(1075,612,1237)	2924	328 950	225
34	11	1035	748	1277	(1035,748,1277)	3060	387 090	253
34	13	987	884	1325	(987,884,1325)	3196	436 254	273
34	15	931	1020	1381	(931,1020,1381)	3332	474 810	285
34	19	795	1292	1517	(795,1292,1517)	3604	513 570	285
34	21	715	1428	1597	(715,1428,1597)	3740	510 510	273
34	23	627	1564	1685	(627,1564,1685)	3876	490 314	253
34	25	531	1700	1781	(531,1700,1781)	4012	451 350	225
34	27	427	1836	1885	(427,1836,1885)	4148	391 986	189
34	29	315	1972	1997	(315,1972,1997)	4284	310 590	145
34	31	195	2108	2117	(195,2108,2117)	4420	205 530	93
34	1	1155	68	1157	(1155,68,1157)	2380	39 270	33
34	3	1147	204	1165	(1147,204,1165)	2516	116 994	93
35	4	1209	280	1241	(1209,280,1241)	2730	169 260	124
35	6	1189	420	1261	(1189,420,1261)	2870	249 690	174
35	8	1161	560	1289	(1161,560,1289)	3010	325 080	216
35	12	1081	840	1369	(1081,840,1369)	3290	454 020	276
35	16	969	1120	1481	(969,1120,1481)	3570	542 640	304
35	18	901	1260	1549	(901,1260,1549)	3710	567 630	306
35	22	741	1540	1709	(741,1540,1709)	3990	570 570	286

m	n	$a=m^2-n^2$	$b=2mn$	$c=m^2+n^2$	毕达哥拉斯三元组	周长	面积	内切圆半径
35	24	649	1680	1801	（649，1680，1801）	4130	545 160	264
35	26	549	1820	1901	（549，1820，1901）	4270	499 590	234
35	32	201	2240	2249	（201，2240，2249）	4690	225 120	96
35	2	1221	140	1229	（1221，140，1229）	2590	85 470	66
35	4	1209	280	1241	（1209，280，1241）	2730	169 260	124
36	5	1271	360	1321	（1271，360，1321）	2952	228 780	155
36	7	1247	504	1345	（1247，504，1345）	3096	314 244	203
36	11	1175	792	1417	（1175，792，1417）	3384	465 300	275
36	13	1127	936	1465	（1127，936，1465）	3528	527 436	299
36	17	1007	1224	1585	（1007，1224，1585）	3816	616 284	323
36	19	935	1368	1657	（935，1368，1657）	3960	639 540	323
36	23	767	1656	1825	（767，1656，1825）	4248	635 076	299
36	25	671	1800	1921	（671，1800，1921）	4392	603 900	275
36	29	455	2088	2137	（455，2088，2137）	4680	475 020	203
36	31	335	2232	2257	（335，2232，2257）	4824	373 860	155
36	1	1295	72	1297	（1295，72，1297）	2664	46 620	35
36	5	1271	360	1321	（1271，360，1321）	2952	228 780	155
37	6	1333	444	1405	（1333，444，1405）	3182	295 926	186
37	8	1305	592	1433	（1305，592，1433）	3330	386 280	232
37	10	1269	740	1469	（1269，740，1469）	3478	469 530	270
37	12	1225	888	1513	（1225，888，1513）	3626	543 900	300
37	14	1173	1036	1565	（1173，1036，1565）	3774	607 614	322
37	16	1113	1184	1625	（1113，1184，1625）	3922	658 896	336
37	18	1045	1332	1693	（1045，1332，1693）	4070	695 970	342
37	20	969	1480	1769	（969，1480，1769）	4218	717 060	340
37	22	885	1628	1853	（885，1628，1853）	4366	720 390	330
37	24	793	1776	1945	（793，1776，1945）	4514	704 184	312
37	26	693	1924	2045	（693，1924，2045）	4662	666 666	286

m	n	$a=m^2-n^2$	$b=2mn$	$c=m^2+n^2$	毕达哥拉斯三元组	周长	面积	内切圆半径
37	28	585	2072	2153	（585,2072,2153）	4810	606 060	252
37	30	469	2220	2269	（469,2220,2269）	4958	520 590	210
37	32	345	2368	2393	（345,2368,2393）	5106	408 480	160
37	34	213	2516	2525	（213,2516,2525）	5254	267 954	102
37	2	1365	148	1373	（1365,148,1373）	2886	101 010	70
37	4	1353	296	1385	（1353,296,1385）	3034	200 244	132
37	6	1333	444	1405	（1333,444,1405）	3182	295 926	186
38	7	1395	532	1493	（1395,532,1493）	3420	371 070	217
38	9	1363	684	1525	（1363,684,1525）	3572	466 146	261
38	11	1323	836	1565	（1323,836,1565）	3724	553 014	297
38	13	1275	988	1613	（1275,988,1613）	3876	629 850	325
38	15	1219	1140	1669	（1219,1140,1669）	4028	694 830	345
38	17	1155	1292	1733	（1155,1292,1733）	4180	746 130	357
38	21	1003	1596	1885	（1003,1596,1885）	4484	800 394	357
38	23	915	1748	1973	（915,1748,1973）	4636	799 710	345
38	25	819	1900	2069	（819,1900,2069）	4788	778 050	325
38	27	715	2052	2173	（715,2052,2173）	4940	733 590	297
38	29	603	2204	2285	（603,2204,2285）	5092	664 506	261
38	31	483	2356	2405	（483,2356,2405）	5244	568 974	217
38	33	355	2508	2533	（355,2508,2533）	5396	445 170	165
38	35	219	2660	2669	（219,2660,2669）	5548	291 270	105
38	1	1443	76	1445	（1443,76,1445）	2964	54 834	37
38	3	1435	228	1453	（1435,228,1453）	3116	163 590	105
38	5	1419	380	1469	（1419,380,1469）	3268	269 610	165
38	7	1395	532	1493	（1395,532,1493）	3420	371 070	217
39	8	1457	624	1585	（1457,624,1585）	3666	454 584	248
39	10	1421	780	1621	（1421,780,1621）	3822	554 190	290
39	14	1325	1092	1717	（1325,1092,1717）	4134	723 450	350

m	n	$a=m^2-n^2$	$b=2mn$	$c=m^2+n^2$	毕达哥拉斯三元组	周长	面积	内切圆半径
39	16	1265	1248	1777	（1265,1248,1777）	4290	789 360	368
39	20	1121	1560	1921	（1121,1560,1921）	4602	874 380	380
39	22	1037	1716	2005	（1037,1716,2005）	4758	889 746	374
39	28	737	2184	2305	（737,2184,2305）	5226	804 804	308
39	32	497	2496	2545	（497,2496,2545）	5538	620 256	224
39	34	365	2652	2677	（365,2652,2677）	5694	483 990	170
39	2	1517	156	1525	（1517,156,1525）	3198	118 326	74
39	4	1505	312	1537	（1505,312,1537）	3354	234 780	140
39	8	1457	624	1585	（1457,624,1585）	3666	454 584	248
40	9	1519	720	1681	（1519,720,1681）	3920	546840	279
40	11	1479	880	1721	（1479,880,1721）	4080	650 760	319
40	13	1431	1040	1769	（1431,1040,1769）	4240	744 120	351
40	17	1311	1360	1889	（1311,1360,1889）	4560	891 480	391
40	19	1239	1520	1961	（1239,1520,1961）	4720	941 640	399
40	21	1159	1680	2041	（1159,1680,2041）	4880	973 560	399
40	23	1071	1840	2129	（1071,1840,2129）	5040	985 320	391
40	27	871	2160	2329	（871,2160,2329）	5360	940 680	351
40	29	759	2320	2441	（759,2320,2441）	5520	880 440	319
40	31	639	2480	2561	（639,2480,2561）	5680	792 360	279
40	33	511	2640	2689	（511,2640,2689）	5840	674 520	231
40	37	231	2960	2969	（231,2960,2969）	6160	341 880	111
40	1	1599	80	1601	（1599,80,1601）	3280	63 960	39
40	3	1591	240	1609	（1591,240,1609）	3440	190 920	111
40	7	1551	560	1649	（1551,560,1649）	3760	434 280	231
40	9	1519	720	1681	（1519,720,1681）	3920	546 840	279
41	10	1581	820	1781	（1581,820,1781）	4182	648 210	310
41	12	1537	984	1825	（1537,984,1825）	4346	756 204	348
41	14	1485	1148	1877	（1485,1148,1877）	4510	852 390	378

m	n	$a=m^2-n^2$	$b=2mn$	$c=m^2+n^2$	毕达哥拉斯三元组	周长	面积	内切圆半径
41	16	1425	1312	1937	（1425,1312,1937）	4674	934 800	400
41	18	1357	1476	2005	（1357,1476,2005）	4838	1 001 466	414
41	20	1281	1640	2081	（1281,1640,2081）	5002	1 050 420	420
41	22	1197	1804	2165	（1197,1804,2165）	5166	1 079 694	418
41	24	1105	1968	2257	（1105,1968,2257）	5330	1 087 320	408
41	26	1005	2132	2357	（1005,2132,2357）	5494	1 071 330	390
41	28	897	2296	2465	（897,2296,2465）	5658	1 029 756	364
41	30	781	2460	2581	（781,2460,2581）	5822	960 630	330
41	32	657	2624	2705	（657,2624,2705）	5986	861 984	288
41	34	525	2788	2837	（525,2788,2837）	6150	731 850	238
41	36	385	2952	2977	（385,2952,2977）	6314	568 260	180
41	38	237	3116	3125	（237,3116,3125）	6478	369 246	114
41	2	1677	164	1685	（1677,164,1685）	3526	137 514	78
41	4	1665	328	1697	（1665,328,1697）	3690	273 060	148
41	6	1645	492	1717	（1645,492,1717）	3854	404 670	210
41	8	1617	656	1745	（1617,656,1745）	4018	530 376	264
41	10	1581	820	1781	（1581,820,1781）	4182	648 210	310
42	11	1643	924	1885	（1643,924,1885）	4452	759 066	341
42	13	1595	1092	1933	（1595,1092,1933）	4620	870 870	377
42	17	1475	1428	2053	（1475,1428,2053）	4956	1 053 150	425
42	19	1403	1596	2125	（1403,1596,2125）	5124	1 119 594	437
42	23	1235	1932	2293	（1235,1932,2293）	5460	1 193 010	437
42	25	1139	2100	2389	（1139,2100,2389）	5628	1 195 950	425
42	29	923	2436	2605	（923,2436,2605）	5964	1 124 214	377
42	31	803	2604	2725	（803,2604,2725）	6132	1 045 506	341
42	37	395	3108	3133	（395,3108,3133）	6636	613 830	185
42	1	1763	84	1765	（1763,84,1765）	3612	74 046	41
42	5	1739	420	1789	（1739,420,1789）	3948	365 190	185

m	n	$a=m^2-n^2$	$b=2mn$	$c=m^2+n^2$	毕达哥拉斯三元组	周长	面积	内切圆半径
42	11	1643	924	1885	（1643,924,1885）	4452	759 066	341
43	12	1705	1032	1993	（1705,1032,1993）	4730	879 780	372
43	14	1653	1204	2045	（1653,1204,2045）	4902	995 106	406
43	16	1593	1376	2105	（1593,1376,2105）	5074	1 095 984	432
43	18	1525	1548	2173	（1525,1548,2173）	5246	1 180 350	450
43	20	1449	1720	2249	（1449,1720,2249）	5418	1 246 140	460
43	22	1365	1892	2333	（1365,1892,2333）	5590	1 291 290	462
43	24	1273	2064	2425	（1273,2064,2425）	5762	1 313 736	456
43	26	1173	2236	2525	（1173,2236,2525）	5934	1 311 414	442
43	28	1065	2408	2633	（1065,2408,2633）	6106	1 282 260	420
43	30	949	2580	2749	（949,2580,2749）	6278	1 224 210	390
43	32	825	2752	2873	（825,2752,2873）	6450	1 135 200	352
43	34	693	2924	3005	（693,2924,3005）	6622	1 013 166	306
43	36	553	3096	3145	（553,3096,3145）	6794	856 044	252
43	38	405	3268	3293	（405,3268,3293）	6966	661 770	190
43	40	249	3440	3449	（249,3440,3449）	7138	428 280	120
43	2	1845	172	1853	（1845,172,1853）	3870	158 670	82
43	4	1833	344	1865	（1833,344,1865）	4042	315 276	156
43	6	1813	516	1885	（1813,516,1885）	4214	467 754	222
43	8	1785	688	1913	（1785,688,1913）	4386	614 040	280
43	10	1749	860	1949	（1749,860,1949）	4558	752 070	330
43	12	1705	1032	1993	（1705,1032,1993）	4730	879 780	372
44	13	1767	1144	2105	（1767,1144,2105）	5016	1 010 724	403
44	15	1711	1320	2161	（1711,1320,2161）	5192	1 129 260	435
44	17	1647	1496	2225	（1647,1496,2225）	5368	1 231 956	459
44	19	1575	1672	2297	（1575,1672,2297）	5544	1 316 700	475
44	21	1495	1848	2377	（1495,1848,2377）	5720	1 381 380	483
44	23	1407	2024	2465	（1407,2024,2465）	5896	1 423 884	483

m	n	$a=m^2-n^2$	$b=2mn$	$c=m^2+n^2$	毕达哥拉斯三元组	周长	面积	内切圆半径
44	25	1311	2200	2561	(1311,2200,2561)	6072	1 442 100	475
44	27	1207	2376	2665	(1207,2376,2665)	6248	1 433 916	459
44	29	1095	2552	2777	(1095,2552,2777)	6424	1 397 220	435
44	31	975	2728	2897	(975,2728,2897)	6600	1 329 900	403
44	35	711	3080	3161	(711,3080,3161)	6952	1 094 940	315
44	37	567	3256	3305	(567,3256,3305)	7128	923 076	259
44	39	415	3432	3457	(415,3432,3457)	7304	712 140	195
44	41	255	3608	3617	(255,3608,3617)	7480	460 020	123
44	1	1935	88	1937	(1935,88,1937)	3960	85 140	43
44	3	1927	264	1945	(1927,264,1945)	4136	254 364	123
44	5	1911	440	1961	(1911,440,1961)	4312	420 420	195
44	7	1887	616	1985	(1887,616,1985)	4488	581 196	259
44	9	1855	792	2017	(1855,792,2017)	4664	734 580	315
44	13	1767	1144	2105	(1767,1144,2105)	5016	1 010 724	403
45	14	1829	1260	2221	(1829,1260,2221)	5310	1 152 270	434
45	16	1769	1440	2281	(1769,1440,2281)	5490	1 273 680	464
45	22	1541	1980	2509	(1541,1980,2509)	6030	1 525 590	506
45	26	1349	2340	2701	(1349,2340,2701)	6390	1 578 330	494
45	28	1241	2520	2809	(1241,2520,2809)	6570	1 563 660	476
45	32	1001	2880	3049	(1001,2880,3049)	6930	1 441 440	416
45	34	869	3060	3181	(869,3060,3181)	7110	1 329 570	374
45	38	581	3420	3469	(581,3420,3469)	7470	993 510	266
45	2	2021	180	2029	(2021,180,2029)	4230	181 890	86
45	4	2009	360	2041	(2009,360,2041)	4410	361 620	164
45	8	1961	720	2089	(1961,720,2089)	4770	705 960	296
45	14	1829	1260	2221	(1829,1260,2221)	5310	1 152 270	434
46	15	1891	1380	2341	(1891,1380,2341)	5612	1 304 790	465
46	17	1827	1564	2405	(1827,1564,2405)	5796	1 428 714	493

m	n	$a=m^2-n^2$	$b=2mn$	$c=m^2+n^2$	毕达哥拉斯三元组	周长	面积	内切圆半径
46	19	1755	1748	2477	（1755,1748,2477）	5980	1 533 870	513
46	21	1675	1932	2557	（1675,1932,2557）	6164	1 618 050	525
46	25	1491	2300	2741	（1491,2300,2741）	6532	1 714 650	525
46	27	1387	2484	2845	（1387,2484,2845）	6716	1 722 654	513
46	29	1275	2668	2957	（1275,2668,2957）	6900	1 700 850	493
46	31	1155	2852	3077	（1155,2852,3077）	7084	1 647 030	465
46	33	1027	3036	3205	（1027,3036,3205）	7268	1 558 986	429
46	35	891	3220	3341	（891,3220,3341）	7452	1 434 510	385
46	37	747	3404	3485	（747,3404,3485）	7636	1 271 394	333
46	39	595	3588	3637	（595,3588,3637）	7820	1 067 430	273
46	41	435	3772	3797	（435,3772,3797）	8004	820 410	205
46	43	267	3956	3965	（267,3956,3965）	8188	528 126	129
46	1	2115	92	2117	（2115,92,2117）	4324	97 290	45
46	3	2107	276	2125	（2107,276,2125）	4508	290 766	129
46	5	2091	460	2141	（2091,460,2141）	4692	480 930	205
46	7	2067	644	2165	（2067,644,2165）	4876	665 574	273
46	9	2035	828	2197	（2035,828,2197）	5060	842 490	333
46	11	1995	1012	2237	（1995,1012,2237）	5244	1 009 470	385
46	13	1947	1196	2285	（1947,1196,2285）	5428	1 164 306	429
46	15	1891	1380	2341	（1891,1380,2341）	5612	1 304 790	465
47	16	1953	1504	2465	（1953,1504,2465）	5922	1 468 656	496
47	18	1885	1692	2533	（1885,1692,2533）	6110	1 594 710	522
47	20	1809	1880	2609	（1809,1880,2609）	6298	1 700 460	540
47	22	1725	2068	2693	（1725,2068,2693）	6486	1 783 650	550
47	24	1633	2256	2785	（1633,2256,2785）	6674	1 842 024	552
47	26	1533	2444	2885	（1533,2444,2885）	6862	1 873 326	546
47	28	1425	2632	2993	（1425,2632,2993）	7050	1 875 300	532
47	30	1309	2820	3109	（1309,2820,3109）	7238	1 845 690	510

m	n	$a=m^2-n^2$	$b=2mn$	$c=m^2+n^2$	毕达哥拉斯三元组	周长	面积	内切圆半径
47	32	1185	3008	3233	(1185,3008,3233)	7426	1 782 240	480
47	34	1053	3196	3365	(1053,3196,3365)	7614	1 682 694	442
47	36	913	3384	3505	(913,3384,3505)	7802	1 544 796	396
47	38	765	3572	3653	(765,3572,3653)	7990	1 366 290	342
47	40	609	3760	3809	(609,3760,3809)	8178	1 144 920	280
47	42	445	3948	3973	(445,3948,3973)	8366	878 430	210
47	44	273	4136	4145	(273,4136,4145)	8554	564 564	132
47	2	2205	188	2213	(2205,188,2213)	4606	207 270	90
47	4	2193	376	2225	(2193,376,2225)	4794	412 284	172
47	6	2173	564	2245	(2173,564,2245)	4982	612 786	246
47	8	2145	752	2273	(2145,752,2273)	5170	806 520	312
47	10	2109	940	2309	(2109,940,2309)	5358	991 230	370
47	12	2065	1128	2353	(2065,1128,2353)	5546	1 164 660	420
47	14	2013	1316	2405	(2013,1316,2405)	5734	1 324 554	462
47	16	1953	1504	2465	(1953,1504,2465)	5922	1 468 656	496
48	17	2015	1632	2593	(2015,1632,2593)	6240	1 644 240	527
48	19	1943	1824	2665	(1943,1824,2665)	6432	1 772 016	551
48	23	1775	2208	2833	(1775,2208,2833)	6816	1 959 600	575
48	25	1679	2400	2929	(1679,2400,2929)	7008	2 014 800	575
48	29	1463	2784	3145	(1463,2784,3145)	7392	2 036 496	551
48	31	1343	2976	3265	(1343,2976,3265)	7584	1 998 384	527
48	35	1079	3360	3529	(1079,3360,3529)	7968	1 812 720	455
48	37	935	3552	3673	(935,3552,3673)	8160	1 660 560	407
48	41	623	3936	3985	(623,3936,3985)	8544	1 226 064	287
48	43	455	4128	4153	(455,4128,4153)	8736	939 120	215
48	1	2303	96	2305	(2303,96,2305)	4704	110 544	47
48	5	2279	480	2329	(2279,480,2329)	5088	546 960	215
48	7	2255	672	2353	(2255,672,2353)	5280	757 680	287

m	n	$a=m^2-n^2$	$b=2mn$	$c=m^2+n^2$	毕达哥拉斯三元组	周长	面积	内切圆半径
48	11	2183	1056	2425	（2183,1056,2425）	5664	1 152 624	407
48	13	2135	1248	2473	（2135,1248,2473）	5856	1 332 240	455
48	17	2015	1632	2593	（2015,1632,2593）	6240	1 644 240	527
49	18	2077	1764	2725	（2077,1764,2725）	6566	1 831 914	558
49	20	2001	1960	2801	（2001,1960,2801）	6762	1 960 980	580
49	22	1917	2156	2885	（1917,2156,2885）	6958	2 066 526	594
49	24	1825	2352	2977	（1825,2352,2977）	7154	2 146 200	600
49	26	1725	2548	3077	（1725,2548,3077）	7350	2 197 650	598
49	30	1501	2940	3301	（1501,2940,3301）	7742	2 206 470	570
49	32	1377	3136	3425	（1377,3136,3425）	7938	2 159 136	544
49	34	1245	3332	3557	（1245,3332,3557）	8134	2 074 170	510
49	36	1105	3528	3697	（1105,3528,3697）	8330	1 949 220	468
49	38	957	3724	3845	（957,3724,3845）	8526	1 781 934	418
49	40	801	3920	4001	（801,3920,4001）	8722	1 569 960	360
49	44	465	4312	4337	（465,4312,4337）	9114	1 002 540	220
49	46	285	4508	4517	（285,4508,4517）	9310	642 390	138
49	2	2397	196	2405	（2397,196,2405）	4998	234 906	94
49	4	2385	392	2417	（2385,392,2417）	5194	467 460	180
49	6	2365	588	2437	（2365,588,2437）	5390	695 310	258
49	8	2337	784	2465	（2337,784,2465）	5586	916 104	328
49	10	2301	980	2501	（2301,980,2501）	5782	1 127 490	390
49	12	2257	1176	2545	（2257,1176,2545）	5978	1 327 116	444
49	16	2145	1568	2657	（2145,1568,2657）	6370	1 681 680	528
49	18	2077	1764	2725	（2077,1764,2725）	6566	1 831 914	558

附录 D 毕达哥拉斯三元组与欧几里得解答

涂泓 冯承天

1. 问题的提出

勾3股4弦5,这三个数字构成满足毕达哥拉斯方程

$$x^2+y^2=z^2 \tag{1}$$

的一个毕达哥拉斯三元组。现在要求出式(1)的全部正整数解,即要求 $x,y,z\in \mathbf{N}^+$。

若 $x,y,z\in \mathbf{N}^+$ 满足 $x^2+y^2=z^2$,则对任意 $k\in \mathbf{N}^+$,有 $(kx)^2+(ky)^2=(kz)^2$。这表示若 (x,y,z) 是一个毕达哥拉斯三元组,则 (kx,ky,kz) 也是一个毕达哥拉斯三元组。从几何上来看,以 x,y,z 为三边的直角三角形与以 kx,ky,kz 为三边的直角三角形是相似的,相似比 $k\in \mathbf{N}^+$。因此,我们只需求出 x,y,z 无公因数的本原解。因为(1), x,y,z 无公因数的条件等价于其中任意二数无公因数。

2. 欧几里得的解答

我们将证明对于满足式(1)的 $x,y,z\in \mathbf{N}^+$,必定存在 $m,n\in \mathbf{N}^+,m>n$,使得

$$x=m^2-n^2,y=2mn,z=m^2+n^2 \tag{2}$$

反过来,对任意 $m,n(m>n)\in \mathbf{N}^+$,由式(2)给出的 (x,y,z) 是一个毕达哥拉斯三元组,即由 $x^2=(m^2-n^2)^2,y^2=(2mn)^2$,能得出 $x^2+y^2=z^2=(m^2+n^2)^2$。于是式(2)是求得毕达哥拉斯三元组的充要条件——欧几里得

解答。

3. 奇偶数分析

任意奇数 $q \in \mathbf{N}^+$ 都可写成 $q = 2p+1, p \in \mathbf{N}^+$。当 p 是奇数时，$q+1 = (2p+1)+1 = 2(p+1)$ 是 4 的倍数；当 p 是偶数时，$q-1 = (2p+1)-1 = 2p$ 是 4 的倍数。因此，对于任何奇数 q，有

$$q = 2p+1 \equiv \pm 1 \pmod{4}$$

于是

$$q^2 = (2p+1)^2 \equiv 1 \pmod{4} \qquad (3)$$

据此，我们知道满足式（1）的 x, y 不能都是奇数，这是因为若 x, y 都是奇数，由式（3）推出 $x^2 + y^2 \equiv 2 \pmod{4}$，再由式（1）得出 z^2 是偶数，进而 z 是偶数。于是 $x^2 + y^2 = z^2$ 是 4 的倍数。这就有 $x^2 + y^2 \equiv 0 \pmod{4}$，矛盾了。

另一方面，x, y 又不能都是偶数，否则的话此时 z 也是偶数，那么 x, y, z 就有公因数，(x, y, z) 就不是一个本原组了。

至此，我们已推得 x, y 必定一奇一偶。不失一般性，假定 x 是奇数，而 y 是偶数。于是令 $y = 2u$，式（1）可写成

$$x^2 + 4u^2 = z^2 \qquad (4)$$

由 x, y 的奇偶性假定，能推出 z 必定为奇数。因此，2 不可能是 $x, y = 2u, z$ 的公因数。这样，x, y, z 无公因数的要求就等价于 x, u, z 无公因数。

4. 因式分解得出的结果

由式（4），有 $4u^2 = z^2 - x^2 = (z+x)(z-x)$。从 x, z 皆为奇数，可得 $(z+x)$，$(z-x)$ 都是偶数。由此，令

$$z+x = 2s, z-x = 2r \qquad (5)$$

于是有

$$z = s+r, x = s-r, u^2 = sr \qquad (6)$$

若 s, r 有一个公因数，则 z, x 也有公因数，所以 s, r 必互素。

5. 完全平方数的讨论

从 $sr = u^2$，即 sr 是一个完全平方数，我们能推出，s, r 各自都是一个完全平方数。

若 s 不是一个完全平方数，则它应有一个形式为 h^{2t+1} 的因数，而相应地，r 也应有一个这样的因数，才能配成一个完全平方数 $h^{4t+2} = (h^{2t+1})^2$。

毕达哥拉斯定理
力与美的故事

如果是这样,s,r 就不会是互素的。所以,我们应有 $r=n^2$,$s=m^2$。将它们代入式(6),有

$$z=m^2+n^2, x=m^2-n^2, y=2u=2\sqrt{sr}=2mn \tag{7}$$

此即式(2)。

6. 本原三元组对 m,n 的限制

从以上的讨论,我们有:

(1) $m>n$;

(2) m,n 无公因数,否则的话,若 m,n 有公因数 t,则 x,y,z 有公因数 t^2。因此,m,n 不能同时为偶数。

(3) m,n 不能同时取奇数,否则的话,由 $z=m^2+n^2$,$x=m^2-n^2$,可知 x,z 都是偶数,因此 x,y,z 有公因数 2。

在此条件下,取 $\forall m,n\in \mathbf{N}^+$,则可得到所有的毕达哥拉斯本原三元组。如果放弃条件(2)(3),也能得出毕达哥拉斯三元组,只是非本原的。

当 m,n 各取其最小值 2,1 时,那么由 $x=m^2-n^2=3$,$y=2mn=4$,$z=m^2+n^2=5$,构成的三元组正是勾 3 股 4 弦 5。

参考文献

[1] 冯承天. 同余关系和整除法则[J]. 上海中学数学,2013(3):23-25.

[2] 冯承天. 算术基本定理与不尽根数的无理性[J]. 上海中学数学,2014(718):96.

[3] Alfred S. Posamentier. 涂泓译,冯承天译校. 数学奇观——让数学之美带给你灵感与启发[M]. 上海:上海科技教育出版社,2015.

[4] Ogilvy. C. S, Anderson. J. T, *Excursions in Number Theory* [M]. Oxford University Press,1966.

附录 E 同余类理论与毕达哥拉斯三元组的四条性质

涂泓 冯承天*

1. $p=3$ 时, $\mathbf{Z}$ 的同余类

按 $p=3$,定义下列三个类:

$$[0]=\{\cdots,-6,-3,0,3,6,\cdots\}=\{3k\mid \forall\,k\in\mathbf{Z}\}$$
$$[1]=\{\cdots,-5,-2,1,4,7,\cdots\}=\{3k+1\mid \forall\,k\in\mathbf{Z}\} \tag{1}$$
$$[2]=\{\cdots,-4,-1,2,5,8,\cdots\}=\{3k+2\mid \forall\,k\in\mathbf{Z}\}$$

在每一个类中,任意两个元之差,都能被 3 整除,或者说任意两个元被 3 除所得的余数都是相同的。因此,这些类也称为 $p=3$ 的同余类。此时 $\mathbf{Z}$ 中的每一个元都出现在 $[0]$, $[1]$, $[2]$ 的一个之中,即它们彼此的交集为 $\varnothing$, 而 $\mathbf{Z}=[0]\cup[1]\cup[2]$。

0,1,2 分别是 $[0]$, $[1]$, $[2]$ 的代表。不过, $[0]=[-3]=[3]$, $\cdots$, 即每一个类中的任意元都可以作为它的代表。于是 $[0]$, $[1]$, $[2]$ 可表示为

$$[3k+d],k\in\mathbf{Z},d=0,1,2 \tag{2}$$

2. $[0]$, $[1]$, $[2]$ 之间的加法与减法

我们利用 $\mathbf{Z}$ 中的加减法,引入以下定义:

$$[g]\pm[h]=[g\pm h] \tag{3}$$

---

* 感谢上海师范大学数学系陈跃副教授提供的参考资料、讨论和证明方案。在此基础上,我们按本书的脉络撰写了本附录。

这是分别按$[g]$,$[h]$中的代表g,h定义的。不过,为了使式(3)的定义有意义,我们必须证明这一定义对同余类中的任意代表都有同样的结果,或者说式(3)中的定义与同余类的代表选择是无关的。我们来证明这一点。

若取$[g_1]=[g_2]$,$[h_1]=[h_2]$中的g_1,h_1,我们有$[g_1\pm h_1]$;若取g_2,h_2,我们有$[g_2\pm h_2]$。但是$g_2=3k_1+g_1$,$h_2=3k_2+h_1$,于是

$$g_2\pm h_2=(3k_1+g_1)\pm(3k_2+h_1)=3(k_1\pm k_2)+(g_1\pm h_1)$$

这就表明$[g_2\pm h_2]=[g_1\pm h_1]$。于是$[0]$,$[1]$,$[2]$之间有加减法了,且因为$\mathbf{Z}$中的加法满足交换律,得同余类之间的加法也满足交换律,由此我们只需列出

$$[0]+[0]=[0],[0]+[1]=[1],[0]+[2]=[2],$$
$$[1]+[1]=[2],[1]+[2]=[0],[2]+[2]=[1]$$

减法也可得出类似结果(作为练习)。

3. $[0]$,$[1]$,$[2]$之间的乘法

利用$\mathbf{Z}$中的乘法,我们也能定义$[0]$,$[1]$,$[2]$之间的乘法:

$$[g]\cdot[h]=[gh] \tag{4}$$

同样,因为该定义与代表的选取是无关的,所以此定义是有意义的。由于$\mathbf{Z}$中的乘法满足交换律,因此同余类之间的乘法也满足交换律。由此,我们能列出

$$[0]\cdot[0]=[0]\cdot[1]=[0]\cdot[2]=[0],[1]\cdot[1]=[1],$$
$$[1]\cdot[2]=[2],[2]\cdot[2]=[1]$$

这样,我们就能计算如$[1]^2-[2]^2=[1]-[1]=[0]$,$[2]^2-[2]^2=[0]$,$\cdots$,的结果。

4. $p=5$时的同余类及其加、减及乘法运算

与$p=3$时的情况相同,对于$p=5$,我们有同余类$[0]$,$[1]$,$[2]$,$[3]$,$[4]$。此时与式(2)相应的是,我们有

$$[5k+d],k\in\mathbf{Z},d=0,1,2,3,4 \tag{5}$$

注意在$p=3$时,$[0]=\{\cdots,-6,-3,0,3,6,\cdots\}$,而在$p=5$时,$[0]=\{\cdots,-10,-5,0,5,15,\cdots\}$,两者是不同的,对于$[1]$,$[2]$等也有同样情

况。根据上下文，我们不难把它们区分开来。

同样，我们可以在 $[0],[1],[2],[3],[4]$ 之间定义它们的加、减及乘法运算，我们就不一一赘述了。

5. 证明本原三元组 (x,y,z) 中有 3 的倍数

此时我们取 $p=3$，而考虑由 x,y,z 定出的 $m,n\in\mathbf{N}^+$ 在 $[0],[1],[2]$ 中的分布有下列四种情况：

(i) $m\in[0],n\in[0],[1],[2];m\in[1],[2],n\in[0]$

此时 $3\mid m$，或 $3\mid n$，因此，由 $y=2mn$，有 $3\mid y$。

(ii) $m\in[1],n\in[1]$

此时 $m-n\in[0]$，因而 $3\mid m-n$。因此，由 $x=m^2-n^2=(m+n)$ $(m-n)$，有 $3\mid x$。

(iii) $m\in[1],n\in[2];m\in[2],n\in[1]$

此时 $m+n\in[3]$，即 $3\mid m+n$。因此有 $3\mid m^2-n^2$，即 $3\mid x$。

(iv) $m\in[2],n\in[2]$

此时 $m-n\in[0]=[3]$。因此有 $3\mid m^2-n^2$，即 $3\mid x$。

综上所述，x,y,z 中总有 3 的倍数。

6. 证明本原三元组 (x,y,z) 中有 5 的倍数

此时我们取 $p=5$，而考虑由 x,y,z 定出的 $m,n\in\mathbf{N}^+$ 在 $[0],[1],[2]$，$[3],[4]$ 中的分布：

(i) $m\in[0]$，而 n 不管在哪一类中，或 $n\in[0]$，而 m 不管在哪一类中

此时由 $y=2mn$，都有 $5\mid y$。

接下来，对 $m,n\in[1],[2],[3],[4]$ 所提供的 16 种可能分布情况可分为下列三种情况：

(ii) m,n 同属 $[1],[2],[3],[4]$ 中的一个

此时都有 $m-n\in[0]$。因此 $5\mid x$。

(iii) $m\in[1],n\in[4];m\in[2],n\in[3];m\in[3],n\in[2];m\in$ $[4],n\in[1]$

此时都有 $m+n\in[5]=[0]$。因此 $5\mid x$。

余下的8种情况,可分为:

（iv） $m \in [1], n \in [2]; m \in [2], n \in [1]$

此时 $m^2+n^2 \in [5]$。因此,$5 \mid z$。

（v） $m \in [1], n \in [3]; m \in [3], n \in [1]$

此时 $m^2+n^2 \in [10] = [5]$。因此,$5 \mid z$。

（vi） $m \in [4], n \in [2]; m \in [2], n \in [4]$

此时 $m^2+n^2 \in [20] = [5]$。因此,$5 \mid z$。

（vii） $m \in [4], n \in [3]; m \in [3], n \in [4]$

此时 $m^2+n^2 \in [25] = [5]$。因此,$5 \mid z$。

综上所述,x, y, z 中总有 5 的倍数。

7. y 一定是 4 的倍数

$y = 2mn$,而 m, n 中总有一个为偶数,故 $4 \mid y$。

于是对本原三元组 (x, y, z),其中总有一数为 3 的倍数、4 的倍数以及 5 的倍数。因此,有 $60 \mid xyz$。

这四条性质对本原三元组是成立的,那么对一般三元组也是成立的。

参考文献

[1] 冯承天. 从一元一次方程到伽罗瓦理论[M]. 上海:华东师范大学出版社,2017.

[2] Garrett Birkhoff, Saunders Mac Lane. A Survey of Modern Algebra[M]. CRC Press,1998.

[3] 陈跃,裴玉峰. 高等代数与解析几何[M]. 北京:科学出版社,2019.

致　谢

　　要正确呈现毕达哥拉斯式的各种表现，需要不同领域专家的专业知识。在以下章节中，我很幸运地获得了这些专家的支持：维也纳工业大学（Vienna University of Technology）数学教授曼弗雷德·克朗费勒（Manfred Kronfeller）是数学史专家，他在编写第 1 章时发挥了重要作用；第 6 章是由纽约市立大学（City University of New York）城市学院（City College）的音乐助理教授查德威克·詹金斯（Chadwick Jenkins）博士撰写的；关于毕达哥拉斯分形的章节（第 7 章）是由中密歇根大学（Central Michigan University）的两位数学家——安娜·卢西亚·B. 迪亚斯（Ana Lúcia B. Dias）博士和丽莎·德梅耶特（Lisa DeMeyer）博士撰写的，向这两位学者致以诚挚的感谢。与其他技术手稿一样，对稿件进行仔细校对并提供实质性意见、注重表述的清晰性，对于作品的可读性至关重要。因此，我感谢彼得·普尔（Peter Poole）和弗朗西斯科·鲁伊斯（Francisco Ruiz）提出的许多有益意见，尤其感谢纽约市立大学城市学院数学荣誉教授迈克尔·恩伯（Michael Engber）、格拉茨大学（University of Graz）数学教授伯恩德·塔勒尔（Bernd Thaller）、塞维利亚大学（University of Seville）的阿方索·布拉沃-莱昂（Alfonso Bravo-Leon）教授对整本书进行的细致校对，并提出了许多有见地的建议。再次非常感谢佩吉·迪默（Peggy Deemer）和琳达·里根（Linda Regan）的出色编辑工作。